주니어 11
대학

글쓴이 | **김석신**

서울대학교 식품 공학과를 졸업한 뒤, 충남대학교 대학원에서 식품 공학 석사 학위를 받고,
미국 오하이오 주립대학교 대학원에서 식품 공학 박사 학위를 받았다. 롯데주조 사원,
국방과학연구소 선임 연구원, 조선대학교 식품 영양학과 전임 강사를 거쳐,
현재 가톨릭대학교 식품 영양학과 교수로 재직 중이다. 저서로는 『나의 밥 이야기』,
『잃어버린 밥상 잊어버린 윤리』(공저), 『좋은 음식을 말한다』(공저),
『식품저장학』(공저), 『식품가공저장학』(공저) 등이 있다.

그린이 | **원혜진**

만화를 인생의 교과서로 삼으며 어린 시절을 보내고 만화가가 되었다.
『아! 팔레스타인 1, 2』로 2013년 부천국제만화대상 어린이상을 수상했다.
그린 책으로 『책으로 집을 지은 악어』, 『다른 게 틀린 건 아니잖아?』,
『프랑켄슈타인과 철학 좀 하는 괴물』, 『장보고』, 『아멜리아 에어하트』,
『마을이 살아야 나라가 산다』, 『세상에서 가장 무서운 내 짝꿍』 등이 있다.

맛있는 음식이 문화를 만든다고? | **식품학**

1판 1쇄 펴냄 · 2015년 8월 28일 1판 3쇄 펴냄 · 2020년 7월 15일

지은이 김석신
그린이 원혜진
펴낸이 박상희
편집주간 박지은
기획 · 편집 이해선
디자인 고윤이
펴낸곳 (주)비룡소
출판등록 1994.3.17.(제16-849호)
주소 06027 서울시 강남구 도산대로1길 62 강남출판문화센터 4층
전화 영업 02)515-2000 팩스 02)515-2007 편집 02)3443-4318,9
홈페이지 www.bir.co.kr
제품명 어린이용 반양장 도서
제조자명 (주)비룡소
제조국명 대한민국
사용연령 3세 이상

ISBN 978-89-491-5361-2 44570 · 978-89-491-5350-6(세트)

이 도서의 국립중앙도서관 출판시도서목록(CIP)은 서지정보유통지원시스템 홈페이지(http://seoji.nl.go.kr)와
국가자료공동목록시스템(http://www.nl.go.kr/kolisnet)에서 이용하실 수 있습니다.(CIP제어번호: CIP2015022508)

맛있는 음식이 문화를 만든다고?

식품학

김석신 글　원혜진 그림

비룡소

| 차례 |

2부 식품학의 거장들

3부 식품학, 뭐가 궁금한가요?

들어가는 글

초등학교 때는 커서 선생님이 되고 싶었습니다. 늘 칭찬과 격려로 제자들을 가르치시던 4학년 때 담임 선생님처럼 좋은 선생님이 되고 싶었습니다. 선생님께서 "잘했어요." 하며 머리를 쓰다듬어 주시던 모습이 지금도 생각납니다. 그런데 선생님이 되려면 교육 대학이나 사범 대학을 가야 하는데, 엉뚱하게 식품 공학과에 입학했죠. 그리고 지금은 식품 영양학과의 교수로 학생들을 가르치고 있어요. 어떻게 된 일이냐고요?

고등학교 다닐 때 '톱밥 고춧가루' 사건이 터졌어요. 고춧가루의 양을 늘리기 위해 몸에 해로운 색소로 붉게 물들인 톱밥을 고춧가루에 섞어 팔았답니다. 참 어이없는 일이죠? 이런 불량 고춧가루가 들어간 김치, 고추장, 찌개 등등을 먹은 사람들의 몸에 들어간 해로운 빨간 색소와 톱밥……. 생각하면 할수록 화가 치밀어 올랐어요. 그래서 식품 공학과에 입학하기로 결정했죠. 식품 공학을 제대로 배워서 건강에 좋은 식품을 만들어야겠다고 결심한 겁니다.

식품이 뭐죠? 먹을 식(食), 물건 품(品), 즉 먹을거리입니다. 여기서 식(食)은 사람(人인)에게 좋은(良양) 것이라는 뜻이죠. 그래서 먹을거리는 맛나고, 영양 있고, 안전해야 합니다. 이 먹을거리 덕분에 사람은 건강과 생명을 유지할 수 있어요. 그러니 절대로 대충 만들면 안 되겠지요. 게다가 잊지 말아야 할 것이 또 하나 있습니다. 바로 생명이 생명을 먹는다는 사실이죠. 다시 말해 우리의 생명을 지켜 주는 이 먹을거리가 바로 다른 생명에게서 왔다는 것입니다.

벼가 다 자라면 쌀을 얻어 밥을 짓죠. 국에 들어간 고기는 소의 몸이고요. 치킨 너깃에서 닭을 느끼기는 어렵겠지만, 실제로 닭의 몸이지요. 그러니 음식을 먹을 때마다 우리의 생명을 위해 자신의 생명을 준 존재들에게 감사하는 마음을 가져야 합니다. 의학이나 약학, 생명 과학만 생명을 다루는 게 아니에요. 식품학도 이처럼 생명으로 생명을 지키는 학문이랍니다.

식품학을 영어로 시톨로지(sitology)라고 합니다. 그리스 어 시토스(sitos)와 로기아(logia)가 합쳐진 말에서 온 것인데, 시토스는 식품이고 로기아는 학문이니까 결국 식품학을 뜻하죠. 또한 시톨로지는 식사, 영양, 식품에 대한 학문(study of diet, nutrition, and food)이라고도 합니다. 다시 말해 식품학은 식사를 만드는 식품 조리학, 영양을 다루는 식품 영양학, 식품을 대규모로 만드는 식품 공학의 세 가지로 이루어졌어요. 세 잎으로 이루어진 클로버처럼 이 세 가지 분야가 하나의 식품학을 이루죠. 자, 이제 식품학의 세 분야를 하나씩 찬찬히 살펴볼까요?

1부

끝없이 진화하는 식품학

01

불로 조리한 음식, 인류 문명의 문을 열다

타임머신 타고

구석기 시대로 출발!

어렸을 때에는 만화책에 나오는 타임머신을 타 보고 싶었어요. '어른이 되면 가능하겠지.' 하고 기다렸는데, 아직도 타임머신 개발 소식은 캄캄하네요. 그래서 상상으로라도 타 보려고요. 여러분도 함께 타 볼까요? 자, 시동을 켜고 잠시 엔진이 돌아가는 소리를 확인한 다음 내비게이션의 행선지를 구석기 시대로 맞추고……. 자, 출발합니다. 부우웅!

어, 벌써 전광판에 도착했다는 표시가 들어왔어요. 타임머신이 얼마나 빠른지 기내식 먹을 틈도 없네요. 안전벨트를 풀고 문을 열고 나가자, 텔레파시로 예약한 안내인 '김구석'이 우리를 맞이하네요. 구석기 사투리가 섞여 있지만 영락없는 우리말을 하네요.

"최초로 불을 피우는 모습을 보고 싶다."고 했더니 "그러면 더 가야 한다."고 해서 김구석과 함께 다시 타임머신을 탔어요. 김구석이 사는 시대는 구석기가 끝나 가고 신석기 시대가 막 시작되려는 1만 년 전이라네요. 그래서 타임머신을 타고 한참을 더 가 마침내 160만 년 전에 도착했어요.

타임머신에서 내려 보니 우리와 조금 다르게 생겼지만 우리처럼 허리를 펴고 똑바로 선 사람들이 불을 만지고 있네요. 그들이 경험한 첫 번째 불은 번개 맞은 나무에서 타오르는 자연의 불이었대요. 그들도 다른 동물들처럼 불이 무서웠지만, 호기심을 누르지 못해 용기를 내어 가까이 가 보았대요. 그 호기심과 용기 덕분에 새로운 사실을 알게 된 거죠. 불은 따뜻해서 추위를 피하는 데 도움이 된다는 것과 불에 고기를 구워 먹으면 맛있고 안전하며 오래 저장할 수 있다는 것을요. 그때부터 불가에 둘러앉아 구이나 훈제를 해 먹었대요. 날로 먹을 때와 달리 병에 걸리는 일이 줄었고 맛도 더 좋은 데다가 좀 남겼다가 먹어도 되었으니 얼마나 위대한 발견이에요? 그러다가 부싯돌을 부딪치거나 나뭇가지를 비벼서 불을 만들 수 있게 되었대요. 아예 불을 다스리게 된 거지요.

저녁이 되었어요. 어두워지면서 배도 슬슬 고프네요. 어, 그런데 오늘이 무슨 날인가 봐요. 캠프파이어처럼 커다란 장작불 주위에 사람들이 잔뜩 모여 있어요. 몸집이 크고 건장해 보이는 한 남자가 자리에서 일어났어요. 그리고 자기 옆에 앉아 있던 십여 명의 남자들을 일으켜 세우더니 뭐라고 큰 소리로 말을 하네요. 사람들은 우레 같은 박수갈채를 보내며 소리를 지르고요. 나는 무슨 말인지 통 모르겠는데, 김구석이 잘 알아듣고 설명해 주네요. 오늘 저 남자들이 매머드 사냥에 성공했으니 맘껏 먹으라는 이야기랍니다. 환호를 지르던 사람들은 정신없이 매머드 고기를 먹기 시작했어요. 애나 어른이나 모두 무척 행복한 모습으로 말예요. 나도 먹어 보니 맛이 괜찮네요. 완전 천연 식품이랍니다.

어, 그런데 한 남자가 주먹 도끼로 매머드 고기를 손질하고 있어요. 주먹 도끼는 '맥가이버 칼'처럼 갖가지 용도로 쓰는 돌도끼의 일종으로 구석기 시대 히트 연장입니다. 그는 부드러운 부위만 떼어 내서 먹기 좋게 다듬어 불에 잘 구운 다음 매머드를 잡아 온 영웅들에게 주고 있네요. 영웅들은 으쓱거리면서 맛있게 받아먹고요. 저 남자는 구석기 시대의 조리사인가 봐요.

그럼 저 여자는 누구죠? 버섯을 가지고 와서 불에 살짝 익혀 주네요. 우리가 고기를 구워 먹을 때 버섯도 함께 구워 먹듯 말예요. 어? 어린아이들이 빨간 버섯을 갖고 와서 먹으려고 하는데 왠지 불안해요. 휴, 다행히 그 여자가 소리 지르며 달려오더니 아이들에게서 빨간 버섯을 빼앗아 멀리 던져 버리는군요. 그리고 다른 버섯을 주면서 뭐라고 한참 말하네요. 김구석의 설명에 따르면 먹을

STOP!
영웅이시여, 가장 연한 부위의 매머드 고기입니다.

수 있는 버섯과 독이 들어서 먹을 수 없는 버섯을 알려 주는 거라네요. 오, 그렇다면 저 여자는 구석기 시대의 영양사?

이제 사람들은 배불리 먹고 춤을 추며 놀아요. 그런데 몇몇 사람들은 놀지도 않고 일을 하네요. 그들은 고기를 다듬어 장작불의 연기에 그슬리고 있어요. 내가 관심을 보이니까 먹어 보라며 고기 한 점을 줘요. 고기는 약간 마른 것처럼 보이면서 연기 냄새가 배어 있어요. 우리가 먹는 햄 맛과 비슷해요. 김구석의 설명에 따르면 남은 고기를 이런 식으로 가공해서 저장해 둔다네요. 아, 그럼 저 사람들이 구석기 시대의 식품 기사?

이제 사람들은 불 주위에서 행복한 모습으로 잠들었고, 우리는 조용히 그곳을 빠져나와 타임머신에 올랐어요. 김구석과 아쉽게 헤어진 다음 현대로 돌아와서는 나도 모르게 중얼거렸어요. "구석기 시대에도 조리사, 영양사, 식품 기사가 있었구나. 자격증을 따거나 한 것은 아니지만 사람들의 인정을 받았던 거야. 그러니 식품학은 최초로 불을 사용한 인류의 탄생과 함께 시작된 학문인 셈이네. 오, 이 뿌듯한 자부심. 그래 더 열심히 공부해야지." 코를 골면서 잠에 빠졌는데, 인정사정없이 알람이 소리 지르네요. "어? 벌써 학교 갈 시간? 서둘러야지."

직립이 불로 조리한 음식 덕분이라고?

주먹 도끼로 고기를 다듬고 불을 피워 고기와 버섯을 구워 먹던 구석기인들. 무척 행복해 보였죠? 그런 구석기인의 모습이 우리의 무의식 안에 살아 있는 것 같아요. 우리도 야외 캠핑장에서 숯불을 피우고 바비큐 파티를 할 때 즐겁잖아요? 흥이 나면 저도 모르게 구석기인처럼 발을 동동 구르고 소리도 지르죠.

안내인 김구석이 보여 준 구석기인들을 우리는 호모 에렉투스라고 부릅니다. 직립한 인간이라는 뜻이에요. 그들은 원숭이처럼 구부정한 오스트랄로피테쿠스와 달리 허리를 쭉 펴고 똑바로 서서 걷고 달렸어요. 이 호모 에렉투스가 현생 인류의 조상입니다.

호모 에렉투스는 160만 년 전 전기 구석기 시대에 나타났고, 현생 인류는 약 4만 년 전 후기 구석기 시대에 등장했죠. 신석기 시대는 약 1만 년 전에 시작되었고요.

인류 문명은 인간의 높은 지능과 우수한 손 기술에서 비롯되었습니다. 이것은 직립과 밀접한 관계가 있어요. 인간은 직립한 덕분에 자유로워진 두 손으로 여러 가지 도구를 만들어 쓸 수 있게 되었어요. 그에 따라 뇌가 발달하며 언어를 만들어 쓰게 되었지요. 그러니 직립이 얼마나 중요한지 알겠죠? 바로 그 직립이 불로 조리한 음식 덕분에 가능했습니다. 믿지 못하겠다고요? 지나친 상상이라고요? 그러면 함께 생각해 볼까요?

호모 에렉투스 이전에도 인류의 조상은 사냥을 했어요. 하지만 성공률이 낮았지요. 그래서 고기 대신 채집한 식물을 많이 먹었습니다. 이것 역시 익히지 않은 채 날로 먹는 '생식(生食)'이었죠. 생식을 하면 소화하는 데 시간이 오래 걸려요. 식물에는 펙틴, 셀룰로오스, 전분 등의 탄수화물이 많이 들어 있죠. 식물이 질긴 건 펙틴과 셀룰로오스 때문입니다.

하지만 펙틴과 셀룰로오스는 가열하면 부분적으로 분해되어 부드럽고 연하게 변하고, 부피도 줄어 소화가 잘되지요. 또한 전분은 물을 넣고 가열하면 '호화'하는데, 풀처럼 끈적끈적해져 소화효소의 작용을 받기 쉬워집니다. 전분은 포도당으로 이루어진 고

분자 물질이에요. 우리는 전분을 소화 기관에서 포도당으로 분해한 후 흡수하여 체온을 유지하는 에너지원으로 사용합니다. 자연 상태의 전분은 전분 입자 안에 갇혀 보호받고 있는데, 전분 입자에는 물이 침투하지 못해요. 그러니 분자가 물보다 큰 소화 효소는 더욱 침투하기 어렵죠. 하지만 가열하면 전분 입자가 터지면서 갇혀 있던 전분이 튀어나와 서로 엉겨 붙으면서 점성이 높아집니다. 이렇게 호화된 전분은 소화 효소의 작용을 쉽게 받아 포도당으로 빨리 분해됩니다.

고기도 불로 조리하면 부드러워져 먹기 좋고 소화도 잘됩니다. 고기는 대표적인 단백질 공급원이에요. 단백질은 아미노산이 연결된 고분자 물질이죠. 우리는 단백질을 소화 작용에 의해 아미노

산으로 분해하여 흡수합니다. 흡수된 아미노산은 다시 단백질로 만들어져 우리 몸을 구성하고 유지하지요.

단백질은 자연 상태에서 입체적인 구조를 띠고 있습니다. 단백질을 소화하려면 소화 효소가 작용해야 하는데 자연 상태의 입체적인 단백질 구조에는 소화 효소의 작용이 일어나기 어려워요. 그런데 단백질을 가열하면 '변성'하여 이 입체적인 구조가 바뀌면서 소화 효소가 작용하기 쉬워집니다.

그래서 불에 구운 고기는 생고기보다 소화가 잘되고, 달걀 프라이도 날달걀보다 소화가 잘되죠. 질긴 생고기에 많은 콜라겐은 소화가 어렵지만, 가열하면 젤라틴으로 바뀌어 소화가 잘되거든요. 곰탕이나 도가니탕이 젤라틴이 된 음식의 대표적인 예입니다.

이처럼 불로 가열 조리한 음식은 부드러워 빨리 먹을 수 있는데다가 소화도 빨리 되기 때문에, 불을 사용하게 되면서부터 인류는 짧은 시간에 많은 에너지를 효율적으로 얻을 수 있었습니다. 이 늘어난 에너지 덕분에 인류는 생물학적으로 매우 유리하게 되었죠. 이것이 소위 '화식 가설(cooking hypothesis)'입니다. 식물성 음식을 '생식'으로 먹던 오스트랄로피테쿠스가 '고기'를 먹기 시작하면서 뇌가 커졌고, 음식을 불로 가열 조리하면서, 즉 '화식'을 하면서 호모 하빌리스에서 두뇌가 더 큰 직립 인류, 호모 에렉투스로 진화했다는 겁니다.

인류는 가열 조리한 음식 덕분에 소화가 쉬워져 소화 기관이 줄어들었고, 배 속의 소화 기관이 줄어든 만큼 허리를 곧게 펴고 직립할 수 있었습니다. 또 소화 기관에서 덜 쓴 에너지를 뇌에 공급할 수 있었지요. 일종의 트레이드오프(trade off)였어요. 트레이드오프는 어느 하나를 얻으려면 반드시 다른 것을 포기해야 하는 관계를 말합니다. 인류는 소화 기관을 줄인 대신 완벽한 직립과 큰 뇌를 얻었던 거죠.

휴식을 취하고 있는 인간의 경우 먹은 음식의 5분의 1이 뇌에 에너지를 공급하는 데 쓰인답니다. 뇌의 무게는 몸무게의 2.5퍼센트밖에 안 되지만 뇌가 사용하는 에너지는 기초 대사량의 20퍼센트에 달합니다. 이렇게 충분한 에너지 공급이 가능하게 된 것도 모두 가열 조리한 음식 덕분이죠.

소화는 에너지 소모가 큰 과정입니다. 하지만 우리는 불이라는 에너지로 미리 가열 조리한 음식을 먹기 때문에, 더 적은 에너지를 쓰면서도 소화를 잘할 수 있는 거죠. 그만큼 우리 몸의 에너지 이용 효율이 높아지게 됩니다. 몸이 해야 할 일을 불이 미리 해 주는 셈이니까요. 우리는 그만큼 더 빨리 휴식을 취할 수 있고, 남은 시간을 자유롭게 다른 활동에 쓸 수 있게 된 것입니다. 먹고 소화시키는 시간을 절약한 만큼 인류는 창의적인 활동을 더 할 수 있게 된 것이죠. 특히 인간 사회의 두드러진 특징 중 하나인 가정생활과 성별 분업이 이로부터 가능하게 되었다고 합니다. 가정에서는 각자 구해 온 음식만 먹는 것이 아니라 배우자가 구해 온 것도 함께 먹었어요. 남성은 고기를 구하기 어려운 여성에게 고기를 나눠 주고, 그 대신 여성이 조리한 음식을 나눠 받았죠.

한마디로 불로 조리한 음식 덕분에 인류는 직립하여 큰 뇌와 손재주를 가질 수 있었었고, 그 결과 빛나는 문명과 문화를 이룩하게 된 것입니다. 인류는 불을 이용해 음식을 조리하는 용기 있고 호기심 많은 창조적 조리사입니다.

02

감동을 주는 맛, 식품 조리학

조리사의 탄생과

진화하는 조리법

앞에서 살펴본 것처럼 구석기인들은 음식을 불에 익혀 맛있게 먹었어요. 초보 수준이지만 음식을 조리한 거죠. 그런데 요리와 조리는 뭐가 다른가요? 요리와 조리는 둘 다 음식을 만든다는 뜻입니다. 다만 요리할 때는 입에 맞게 만드는 게 중요하고, 조리할 때는 잘 조절해 만드는 것, 다시 말해 만드는 방법이나 과정이 중요해요. 그래서 음식을 만드는 전문 기술인에게 '조리사' 자격증을 주는 겁니다. 여기서 우리는 '조리'라는 표현을 주로 사용할 거예요.

요리에는 만들어진 음식이라는 뜻도 있습니다. 예를 들어 '갈비구이'는 갈비를 굽는 방식으로 조리한 요리지요. 그리고 '중국요리를 만든다(조리한다, 요리한다).'는 맞는 표현이지만, '중국 조리를 만든다(조리한다, 요리한다).'는 잘못된 표현이에요.

우리가 하루 세 끼 조리해서 먹는 음식을 식사, 영어로는 다이어트(diet)라고 부릅니다. 물론 다이어트에는 '음식 조절'이라는 다른 뜻도 있지요. 조리는 원래 누구나 하는 일이었으나, 점차 생활이 분업화하면서 누군가가 하는 일로 바뀌었습니다. 그 누군가를 조리사라고 불렀죠. 조리사들은 다양한 재료를 활용하여 조리법을 개발하였고, 이는 조리 기술의 비법으로 전수되어 왔어요.

비록 학문의 모습을 갖추지는 못했지만 조리하는 방식이나 과정에 대한 교육은 계속 이어졌습니다. 그러다가 과학이 발달하면서 조리의 원리가 하나둘 밝혀졌죠. 시간이 흐른 뒤, 드디어 식품조리학도 오늘날과 같은 학문의 틀을 갖게 되었습니다. 게다가 요즘은 맞벌이 부부와 핵가족이 늘면서 외식을 많이 한다지요? 또 여행, 해외 출장 등 장거리 이동도 활발해졌고요. 그래서 최근 외식 조리학과 호텔 조리학이 집중적으로 조명을 받게 된 겁니다.

자, 지금부터 조리의 역사를 살펴볼까요? 불을 발견한 인간은 곧 불을 잘 다스릴 수 있게 되었고, 불로 음식을 조리하기 시작했습니다. 흙으로 빚어 구워 만든 질그릇을 쓰기 시작하면서부터는 '구이'라는 단순한 조리 방식에서 벗어났어요. 즉 음식을 그릇에 담아 '끓이기'를 시작한 것이죠. 처음에는 죽을, 나중에는 밥을 지

킁킁, 이 냄새는
내가 좋아하는 옥수수 죽?

어 먹었습니다. 그릇을 이용하면서 '찌기, 고기, 조리기, 데치기, 쑤기, 볶기, 튀기기, 부치기, 지지기' 등 조리 방식이 점점 다양하고 복잡하게 진화했어요. 또 새로운 음식도 만들어 낼 수 있게 되었고요. 특히 농업을 시작하면서 사람들은 한군데에 몰려 살기 시작했고, 인구가 늘면서 분업이 시작됐습니다. 예전에는 스스로 음식을 만들어 먹었지만, 분업을 통해 누군가가 나를 위해 음식을 만들어 주게 되었지요. 그 누군가가 바로 조리사입니다.

이집트 인은 기원전에 이미 발효한 빵과 맥주를 만들 줄 알았습니다. 어떤 사람들은 피라미드를 짓기 위해 노동을 했고, 다른 사람들은 그들에게 줄 빵을 만들었죠. 로마에서는 시민들이 원형 경기장에 모여 검투사들의 격투를 구경하고 있을 때, 관중에게 나누어 줄 빵을 만드는 사람들이 따로 있었습니다.

어느 시대, 어느 사회건 가정의 조리사는 대부분 어머니였지만, 가정 밖의 음식, 특히 많은 양의 음식을 만드는 일은 남성이 맡는 경우가 많았어요. 음식을 대량으로 만드는 일에는 힘이 센 남성이 더 적합해서 그랬을까요?

아무튼 우리가 먹는 음식의 맛은 '불'로 조리하면서 탄생하였어요. 가열 조리하면 음식이 노릇노릇하게 갈변되면서 맛과 향이 좋아집니다. 그 이유는 화학 반응인 마이야르 반응 때문이죠. 마이야르 반응은 이 반응의 원리를 최초로 밝힌 프랑스 학자 마이야르(L.C. Maillard)의 이름을 따서 부르는 겁니다. 우리가 먹는 간식 중에는 먹을 때 바삭거리는 소리가 나는 과자가 많이 있죠? 씹을 때 입안을 울리는 바삭거리는 소리도 식욕을 자극합니다. 이 바삭한 맛도 사실은 '불'로 조리하면서 탄생한 오래된 맛이죠.

마이야르는 음식을 조리하면 포도당이나 녹말 같은 탄수화물 분자가 단백질 덩어리에 들어 있는 아미노산 분자와 반응해서 수백 가지 다양한 물질을 만든다는 사실을 발견했다. 새롭게 태어난 물질들은 음식에 갈색과 깊고 풍부한 맛을 더한다.

맛에 관한 한 우리는 상당히 보수적입니다. 인류가 맛 자체를 좋아한다는 건 공통적이지만, 어떤 맛을 좋아하는가는 나라나 민족마다 차이가 크죠. 우리는 김치를 좋아하지만 다른 나라 사람들이 꼭 그렇지는 않아요. 우리는 불고기를 좋아하지만 인도인은 절대 먹으려고 하지 않을 겁니다. 인도에서는 소를 신성하게 여겨서 소고기를 먹지 않거든요. 이처럼 음식의 맛은 문화와 깊은 관계가 있어요. 문화가 진화하듯 음식도 진화해 왔고, 음식이 진화하듯 문화도 진화해 왔죠.

진화는 변화입니다. 하지만 모든 변화가 다 진화는 아니에요. 적응하여 살아남는 변화가 진짜 진화죠. 인간은 오스트랄로피테쿠스에서 호모 하빌리스, 호모 에렉투스, 호모 사피엔스, 호모 사피엔스 사피엔스로 진화해 왔습니다. 환경에 적응하여 살아남기 위해 진화해 왔는데, 환경에는 자연환경뿐 아니라 사회 환경도 있어요. 인간이 변하면 이 두 가지 환경도 변하고, 또 인간은 그 환경 변화에 적응하기 위해 또 변하죠. 꼬리에 꼬리를 무는 변화, 인간은 지금도 이 두 가지 환경의 변화에 적응하기 위해 애쓰고 있는 중이에요.

힌두교를 믿는 사람들은 소를 숭배하여 소고기를 먹지 않지만, 이슬람교와 유대교를 믿는 사람들은 돼지를 불결한 동물이라 여기기 때문에 돼지고기를 먹지 않는다.

기술에서 학문으로 발전하다

인류는 불로 음식을 조리하면서부터 자연에 없는 맛을 추구했고, 조리는 이 맛을 더 좋게 만들기 위해 끝없이 진화해 왔습니다. 자연으로부터 문화로의 진화였죠. 하지만 이런 조리는 경험과 기술로서의 조리이지 학문으로서의 조리는 아니었어요. 음식의 맛, 영양, 안전성 중에서 맛에만 치중하였기 때문이죠. 왜 맛에 치중할까요? 맛이 있으면 영양이나 안전성 같은 나머지 요소도 갖춘 것으로 생각하기 쉽기 때문이에요. 사람들은 일반적으로 아름다운 것을 선하고 좋은 것으로 여깁니다. 그래서 색깔과 향이 좋고 맛도 좋은 음식을 좋아합니다. 그런 음식은 영양도 많고 안전하다고 생각하는 거죠. 하지만 꼭 그렇지 않은 경우가 많기 때문에 조리가 단순한 기술에서 '조리학'이라는 과학적인 학문으로 발전하기 시작한 겁니다.

우선 영양적 측면에서 조리학을 볼까요? 시금치는 국으로 끓여도 좋지만 시금치의 영양 성분을 보존하려면 살짝 데쳐서 무쳐 먹는 편이 더 좋습니다. 아주 오래전에 「뽀빠이」라는 만화 영화가 있었어요. 시금치를 먹고 갑자기 힘이 세진 뽀빠이가 여자 친구를 구하는 장면이 늘 나왔죠. 「뽀빠이」는 성장기 어린이에게 영양이 좋은 시금치를 많이 먹이기 위해 만든 만화 영화인지도 모릅니다.

실제로 시금치는 다른 채소보다 단백질이 많고, 곡류에 부족한 라이신, 메티오닌, 트립토판과 같은 필수 아미노산도 많죠. 게다가 철, 엽산, 망간 함량이 높아 피를 만들어 내는 조혈 작용에 도움을 줍니다. 또 비타민 A, C 그리고 B군도 많이 포함하고 있어요. 이렇게 조리학은 영양 성분과 아주 밀접한 관계가 있기 때문에 조리사도 영양에 대해 충분한 지식을 지녀야 합니다.

다음은 안전성 측면에서 살펴보겠습니다. 테트로도톡신 중독이라는 말을 들어 봤나요? 테트로도톡신은 신경을 마비시키는 독소예요. 손질을 잘못한 복어를 먹으면 복어의 난소와 간 등에 들어 있는 이 독소 때문에 심할 경우 호흡 중추가 마비되어 죽게 되죠. 이 독소는 100도에서 30분간 끓여도 20퍼센트만 파괴될 정도로 내열성이 강합니다. 그래서 보통의 조리 과정에서는 결코 독

뽀빠이.
살려 줘요!
빨리 시금치를 주세요.
올리브, 기다려! 곧 갈게.
시금치의 영양 성분을 보존하려면 살짝 데쳐야….

성을 없앨 수 없죠. 복어는 반드시 복어 조리 기능사 자격증을 지닌 전문가가 다루어야 합니다. 이런 안전성에 대한 염려 때문에 식품 위생법에서 조리사에 대한 지침을 정하는 겁니다. 그래서 안전한 음식을 만들기 위한 지식들을 제대로 배울 수 있는 학문으로서의 조리, 즉 조리학이 필요하지요.

미국에서는 19세기에 과학적 식사 운동이 일어났다고 합니다. 과학적 지식에 기반을 둔 '영양주의(nutritionism)'식 음식 문화가 시작된 거죠. 영양주의에 따르면 음식은 영양소 분석을 통해 가장 잘 이해할 수 있습니다. 어떤 음식이 좋은지 나쁜지를 파악하려면 영양학자와 같은 전문가가 필요하다는 거죠. 음식은 원래 신체와 건강을 유지하기 위한 것이기 때문에, 영양 성분이 같으면 어느 것을 먹든 상관이 없다는 거예요.

이런 관점에서 보면 갓 만든 신선한 피자와 데운 냉동 피자는 영양상으로 아무런 차이가 없죠. 간단히 가공식품을 먹으면 될 일을 굳이 전통 방식으로 복잡하게 요리를 만들 필요가 없다는 거예요. 그래서 미국인들은 지나치게 맛있는 음식을 탐하는 행위를 무시하는 경향이 있어요.

한편 프랑스 인들은 탐미적인 식사 문화를 즐겼습니다. 왜 그랬을까요? 이야기는 프랑스 혁명으로 거슬러 올라갑니다. 프랑스 혁명으로 세워진 국민 의회는 인권 선언에서 "인간은 태어나면서부터 자유롭고 평등한 권리를 가진다."고 밝혔죠. 자유롭고 평등한 권리 중에는 모든 사람이 왕이나 귀족처럼 자유롭고 평등하게 먹을 권리도 있다는 겁니다. 이것이 왕이나 귀족이 없는 미국과 다른 점이죠. 미국에서 평등은 사회적 격차를 줄이는 것을 의미했어요. 그래서 음식 문화에서도 미국인들은 맛보다는 다 같이 배불리 먹을 수 있는 데 의미를 두었어요.

19세기 초 프랑스에서는 다양한 주제를 놓고 심미적인 토론을 벌이는 것이 유행했답니다. 그중에서 음식과 식사는 인기 있는 토론 주제였죠. 맛을 평가하고 다른 사람과 맛에 대해 소통하는 능력이 사회에서 계층 이동의 수단이 되는 분위기였고요. 그래서 프랑스 문화에서는 음식의 지위가 격상되었고 자연히 음식 문화가 복잡해지고 규범화될 수 있었습니다. 한마디로 음식에 대한 이데올로기가 미국을 비롯한 다른 나라와 다른 것이죠.

그렇다면 오늘을 사는 우리는 어떤가요? 사람의 본성에는 동물의 본능이나 욕구와 같은 자연적 본성, 동물에는 없다고 생각되는 이성적 본성, 이 두 가지를 초월하는 영성적 본성의 세 가지 본성이 있습니다. 이를 자연성, 이성, 영성이라고 하면, 음식에 대한 이데올로기도 자연성주의, 이성주의, 영성주의의 세 가지로 구분할 수 있죠. 이런 관점에서 프랑스의 음식 이데올로기는 자연성주의에, 미국의 경우는 이성주의에, 유대 인이나 모슬렘(이슬람교도)이

돼지고기를 먹지 않는 것은 종교적 영성주의에 해당한다고 볼 수 있어요.

사람들은 자연성주의, 이성주의, 영성주의의 세 가지 이데올로기를 다 갖고 있습니다. 자연성주의의 목표는 쾌락이고, 이성주의는 건강과 장수이며, 영성주의는 자연성과 이성의 초월에 목표를 둡니다. 사람에 따라 지향하는 주요 목표는 다르죠. 그러니 식품조리학은 이 세 가지 이데올로기를 아우르면서 음식을 다루어야 할 것이고, 조리사는 자신의 이데올로기와 고객의 이데올로기를 잘 조화시켜 음식을 만들어야 할 것입니다.

그래도 조리에서 가장 중요한 것은 누가 뭐라 해도 맛입니다. 테니스나 골프에 대해 아무리 책을 많이 보고 강의를 많이 들으면 뭐합니까? 실제로 잘 쳐야죠. 마찬가지로 조리도 맛있는 음식을 만들지 못하면 아무 소용없습니다. 음식의 맛은 신선한 재료와 알맞은 전처리 방법, 제대로 된 조리 과정, 그리고 양념과 기름이 좌우하지요. 후추와 올리브유는 서양인의 입맛을 사로잡았고, 고추와 참기름은 우리의 입맛을 사로잡았어요. 또 조리한 음식의 맛은 들쑥날쑥하지 않고 일정해야 합니다. 음식을 만드는 방법인 레시피가 중요한 이유이지요.

하지만 무엇보다 음식은 창의적이라야 합니다. 창의적인 음식은 새롭고, 재미있고, 멋있고, 맛있는 음식이지요. 음식을 꽃으로 장식하는 것은 사치가 아닙니다. 조리의 창의성이죠. 새로운 음식을 찾아 새로운 음식을 먹는 것은 인류가 앞으로도 계속 추구해야 할 생존 전략입니다.

마지막으로 셰프의 역할을 짚어 볼까요? 훌륭한 셰프는 조리사에게 창의적인 영감을 주고, 창의적인 조리사들이 멋지고 맛있는 음식을 만들도록 이끌어 줍니다. 다시 말해 교향악단의 지휘자와 같은 역할을 하는 거지요. 주방장을 뜻하는 프랑스 어 '셰프(chef)'가 원래 지도자를 뜻하는 것을 안다면 훨씬 이해하기 쉽겠지요?

무기질
지질

03

건강을 지켜 주는 식품 영양학

괴혈병과 각기병은 왜 걸리나?

구석기인들은 익힌 음식이 날것보다 소화가 잘 되고 건강에도 좋다는 것을 알게 되었습니다. 비록 경험으로 어렴풋이 알았을 뿐이지만 우리가 지금 '영양'이라고 부르는 것에 눈뜬 셈이에요. 식품과 영양을 알기 쉽게 구별해 볼까요? 식품이 사람의 입에 들어가기 전까지에 해당하는 것이라면, 영양은 사람의 입을 통과한 후 몸 안에서 일어나는 모든 작용을 가리킵니다. 영양은 음식물의 소화와 흡수로부터 시작되어 배설로 끝나기까지의 모든 과정, 즉 건강이나 수명과 직결된 일로서 우리 몸 안에서 일어나는 생화학 과정인 거죠.

선사 시대 인간의 수명은 아주 짧았다고 해요. 네안데르탈인의

5퍼센트만 40년 이상 살았고, 45퍼센트는 20~40년, 나머지 50퍼센트는 20년도 못 살았다고 합니다. 사냥과 채집에 의존하던 때였으니까 영양 결핍이 사망의 주요 요인이었으리라 짐작할 수 있어요. 이렇게 중요한 영양에 대해서 인류는 경험에 의해 판단하는 초보적 수준에 오랫동안 머물렀지요.

고대 그리스의 의학자인 히포크라테스가 활동하던 시절부터 어떤 음식이 건강에 좋은지는 알고 있었어요. 예를 들어 밤눈이 어두우면(야맹증) 간이나 간유를 먹으면 된다던가, 감귤류가 뱃사람의 건강에 좋다는 식이었지요.

감귤류가 뱃사람에게 좋다는 속설이 정설이 된 건 아주 오랜 세월이 흐른 뒤였습니다. 괴혈병 덕분이었죠. 이 병은 15세기 신대륙을 발견하고자 먼바다를 항해하던 시기에 심각한 문제로 떠올랐어요. 육지에서 신선한 채소를 먹을 땐 괴혈병 증세가 나타나지 않았는데, 바다에서 오랫동안 채소를 먹지 못하자 괴혈병에 걸린 거죠.

괴혈병이 비타민 C의 결핍 때문에 생긴다는 것은 1753년에야 알려졌습니다. 스코틀랜드 해군 군의관이던 제임스 린드가 오렌지나 레몬 또는 라임 주스를 마시면 괴혈병의 치료와 예방이 가능하다는 사실을 밝혀냈죠.

괴혈병은 영어로 스커비(scurvy), 라틴 어로 스코르브투스

(scorbutus)라고 하는데, 이 괴혈병 증세를 없앤다는 뜻에서 비타민 C를 항괴혈병(antiscorbutic) 비타민, 아스코르브산(ascorbic acid)이라고 부른답니다.

괴혈병은 비타민 C 부족이 3개월 이상 계속되면 증상이 나타난다. 괴혈병에 걸리면 기운이 없고 피부가 거칠어지다가 잇몸 같은 점막과 피부에서 피가 나며 빈혈을 일으키고, 심하면 심장 쇠약을 일으키기도 한다.

영양학적 발견의 또 다른 예로 각기병(beriberi)을 알아볼까요? 각기병은 비타민 B1 섭취가 부족해서 생기는 비타민 결핍증입니다. 병의 이름은 '나는 할 수 없어, 나는 할 수 없어.'를 의미하는 스리랑카 원주민의 언어로부터 유래되었대요. 이 병에 걸리면 너무 아파서 아무것도 할 수 없기 때문이지요.

각기병은 도정한 백미를 주식으로 먹는 사람들에게 많이 발생합니다. 쌀겨에 비타민 B1이 많은데, 도정하면서 쌀겨를 제거해 버리기 때문이죠. 1896년 크리스티안 에이크만이 3년간 연구한 끝에 각기병의 원인을 밝혀냈습니다. 도정한 쌀을 먹은 암탉들에게 각기병 증상이 나타났는데, 도정한 쌀 대신 도정하지 않은 쌀이나 도정 중에 벗겨 낸 쌀겨를 먹이로 주면 신속히 회복되는 것을 알게 되었죠. 에이크만은 이 공로로 노벨상을 받았답니다.

그런데 우리 민족은 도정한 쌀이 주식이지만 각기병에 잘 걸리지 않았습니다. 일제 강점기 때 일본인은 각기병으로 고생하였으나 우리는 그렇지 않았대요. 일본인이나 우리나 똑같이 도정한 백

이 정도 오렌지면
선원들의 괴혈병을
예방할 수 있겠어.

미를 먹었지만, 일본인과 달리 우리는 마늘을 많이 먹기 때문인 것 같아요. 우리는 김치를 비롯한 거의 모든 음식에 마늘을 양념으로 넣어 먹습니다.

마늘에는 알리신(allicin)이 들어 있어요. 알리신은 비타민 B1인 티아민(thiamin)과 결합하여 알리티아민(allithiamin)이라는 활성 비타민 B1이 됩니다. 이 알리티아민은 분해되지 않고 몸에 잘 흡수되기 때문에 결국 마늘을 먹으면 비타민 B1 결핍 증세가 생기지 않는 거죠. 알리티아민은 보통의 비타민 B1에 비하여 흡수력이 3~4배 좋아서 단번에 많은 비타민 B1을 공급하게 된다고 해요.

인간의 생명과 건강 유지에 영양소가 꼭 필요하다는 것을 알기까지 오랜 세월이 걸렸습니다. 괴혈병과 각기병 같은 비타민 결핍증에 걸린 수많은 사람들의 희생과 이에 대한 과학적 연구가 필요했던 아주 긴 세월이었죠. 19세기 초가 되어서야 인류는 탄수화물, 단백질, 지질이 동시에 필요함을 알게 되었고, 20세기에 이르러 비로소 탄수화물, 단백질, 지질, 무기질, 비타민의 5대 영양소를 모두 파악하게 된 것이죠. 식품 영양학은 식품학 가운데 가장 최근의 학문인 셈입니다.

영양소는 나에게 무슨 의미?

식품 영양학은 한마디로 영양소에 관한 학문입니다. 그러면 그 영양소를 섭취하는 우리 몸은 어떤 영양 성분으로 구성되어 있을까요? 우리 몸도 탄수화물, 단백질, 지질, 무기질, 비타민으로 구성되어 있을까요? 네, 그렇습니다. 우리 몸도 5대 영양 성분으로 구성되어 있지요. 우리 몸을 구성하는 영양 성분의 대략적인 구성 비율은 다음 쪽의 표와 같습니다.

우리가 쉽게 이해할 수 있는 것처럼 단백질은 근육에, 지질은 피하 지방과 장기의 외부에, 무기질은 뼈에 주로 들어 있어요. 비타민은 거의 무시할 만큼 적은 양이고요. 그런데 우리가 매일매일 가장 많이 먹는 탄수화물은 거의 없네요. 다 어디로 간 거죠?

인체의 영양 성분 구성 비율(%)

영양 성분	인체 구성 비율(%)	
	남성	여성
탄수화물	미량(< 1)	미량(< 1)
지질	16	25
단백질	16	13
무기질	6	5
비타민	극미량	극미량
물	62	57

그 이유는 우리 몸이 탄수화물을 에너지원으로 써 버리기 때문입니다. 그래야 체온을 37도 정도로 계속 유지할 수 있거든요. 체온 유지는 탄수화물이 인체에 작용하는 다른 어떤 것보다 중요하고 시급한 기능입니다. 탄수화물은 1그램당 4킬로칼로리(kcal)의 에너지를 제공하죠. 밥을 먹으면 전분이 포도당으로 소화된 후 흡수되죠. 흡수된 포도당은 혈당을 일정하게 유지하고, 특히 적혈구, 뇌세포, 신경 세포의 에너지원으로 사용됩니다.

일반적으로 가정에서 쓰고 남은 돈을 저금할 때, 쉽게 꺼내 쓸 수 있는 보통 예금 통장에 일부를 넣고, 나머지는 쉽게 꺼내 쓸 수 없는 정기 예금 통장에 넣지요? 마찬가지로 인체도 쓰고 남은 포도당을 저장할 때, 필요할 때 쉽게 꺼내 쓸 수 있는 '글리코겐(포도당으로 구성된 다당류)' 형태로 간과 근육에 저장하고, 나머지는 지질로 전환하여 지방 조직에 저장합니다. 이런 이유로 우리 몸을 구성하는 영양소에 탄수화물의 양이 많지 않은 겁니다. 그리고 지질이 많은 이유이기도 하고요. 이제 밥만 먹어도 살찌는 이유를 알겠지요?

탄수화물은 많이 먹어도 문제이지만, 적게 먹어도 문제를 일으킵니다. 오랜 시간 단식하거나 기아 상태에 있으면 탄수화물 섭취가 부족해지죠. 이때 인체는 단백질에서 포도당을 만들어 우선적으로 에너지를 만듭니다. 그러면 체내의 단백질이 매우 빠르게 없어져 몸이 쇠약해지죠.

또한 탄수화물 섭취가 부족하면 지방이 분해되어 지방산이 산화되는데, 이때 혈액 내에 케톤체라는 물질이 많아져 케톤증이 오고 몸이 쇠약해집니다. 이런 일이 생기지 않으려면 탄수화물이 하루에 50~100그램씩 필요한데, 우리는 밥 한 공기만 먹어도 65그램의 탄수화물을 섭취하기 때문에 이런 일은 거의 생기지 않죠.

탄수화물이라고 해서 다 소화되고, 흡수되는 건 아닙니다. 전분은 포도당으로 소화되지만, 셀룰로오스는 소화되지 않아요. 풀을 먹는 소는 셀룰로오스를 소화하지만 사람은 그렇게 못하지요. 탄수화물은 전분, 글리코겐과 같이 소화할 수 있는 소화성 다당류와 셀룰로오스처럼 소화하기 어려운 난소화성 다당류로 나뉘는

에너지가 부족해.
빨리 탄수화물
보충을…
단백질…
무기질…
비타민…
…지질
척:
척:

데, 후자를 다른 말로 식이 섬유라고 부릅니다. 그런데 소화되지 도 않는 식이 섬유를 왜 먹을까요? 여기에는 아주 중요한 이유가 있답니다.

식이 섬유는 물에 녹을 수 있는 가용성 식이 섬유와 물에 녹기 어려운 난용성 식이 섬유 두 가지로 나뉩니다. 그런데 두 가지의 작용이 달라요. 가용성 식이 섬유를 대표하는 물질은 펙틴입니다. 펙틴은 벽돌담을 쌓을 때 벽돌 사이에 넣는 시멘트처럼, 식물의 세포와 세포를 붙여 주는 접착제 역할을 하는 물질이에요. 채소나 과일로 즙을 내면 뿌옇죠? 그 뿌연 성분이 바로 펙틴입니다.

펙틴과 같은 가용성 식이 섬유는 물에 녹거나 팽윤되어(용매를 흡수하여 부피가 늘어나) 겔을 형성하면서, 음식에 들어 있는 당이나 콜레스테롤이 장에서 흡수되는 것을 방해하거나 느리게 하는 효과를 지닙니다. 다시 말해 당뇨병이나 고콜레스테롤혈증의 예방에 중요한 역할을 하는 물질이죠.

셀룰로오스와 같은 난용성 식이 섬유는 포만감을 줍니다. 그래서 상대적으로 에너지 섭취를 줄일 수 있죠. 게다가 배변량이 많아지고 배변 속도가 빨라지기 때문에 변비를 예방하며 영양소 흡수도 상대적으로 적어집니다. 또 발암 물질이 장과 접촉할 기회도 줄여 주어, 대장암을 예방하는 효과도 있어요.

지질은 1그램당 9킬로칼로리의 에너지를 주는 효율적인 에너지 저장원입니다. 피하 지방 조직에 저장된 지질은 열전도율이 낮기 때문에, 추울 때 효과적으로 체온을 유지할 수 있게 해 주죠. 게다가 지질은 심장, 신장, 자궁 등 주요한 장기를 둘러싸 외부 충격으로부터 보호해 줍니다. 지질 섭취가 부족하면 지질에 녹아 있는 지용성 비타민 결핍 증세를 보일 수 있어요.

특히 지질은 필수 지방산을 공급해 주기 때문에 중요합니다. 리놀레산, 리놀렌산과 같은 필수 지방산은 체내에서 합성되지 않으므로 반드시 음식을 통해 섭취해야 하죠. 필수 지방산은 성장 촉진, 피부의 정상적 기능, 생식 기능의 발달에 꼭 필요한 성분이기 때문이에요. 이런 이유로 지질을 총 에너지 섭취량의 15~25퍼센트 정도로 섭취할 것을 권장하고 있습니다.

단백질은 생명 유지에 필수적인 영양소입니다. 근육 등의 조직을 구성할 뿐 아니라, 효소, 호르몬, 항체 등의 성분으로서 인체에 중요한 기능을 수행하죠. 그래서 단백질을 먹지 않으면 건강을 유지할 수 없답니다. 단백질은 소화 과정에서 아미노산으로 분해되어 흡수된 다음, 체내에서 필요로 하는 단백질로 다시 합성됩니다. 특히 필수 아미노산을 섭취하지 않으면 체내에서 단백질 합성이 지연되고, 그 결과 단백질의 분해가 합성보다 많아지므로 건강이 나빠지게 되죠. 그래서 단백질은 특히 성장기, 임신 및 수유기에 많이 필요합니다.

또 호르몬이나 효소도 모두 단백질이나 아미노산으로 이루어져 있죠. 단백질이 부족해 혈액 중의 단백질 농도가 묽어지면, 모세 혈관의 삼투압이 낮아져 혈액에서 말초 조직으로 수분이 이동해요. 그 결과 손, 발 등이 붓는 부종 현상이 나타납니다. 단백질은 면역 세포의 주요 성분이면서, 항체로도 작용하여 질병에 대한 저항력을 높여 주죠. 따라서 단백질 섭취가 부족하면 병에 대한 면역력이 떨어집니다.

단백질 결핍증은 어른보다 어린이에게 많이 나타나는데, 이는 성장할 때 단백질이 많이 필요하기 때문입니다. 콰시오커는 저개발 국가에서 흔히 볼 수 있는 단백질 결핍증으로, 특히 어머니 젖을 떼는 이유기의 어린이에게 잘 나타나죠. 이 병에 걸리면 면역 기능 저하, 부종, 성장 지연, 허약, 질병 감염 등이 나타납니다.

단백질 소요량은 체내에서 단백질 합성과 분해가 평형을 이루는 최소 필요량을 의미합니다. 단백질 평형을 위해서는 단백질 부족뿐 아니라 단백질 과잉도 문제가 되죠. 예를 들어 동물성 단백질로 이루어진 고단백질 식사를 많이 할 경우에는 골다공증이 나타날 위험이 높아집니다. 동물성 단백질에 들어 있는 아미노산의 대사 물질이 중화되는 과정에서, 소변을 통해 몸 밖으로 빠져나가는 칼슘이 많아지기 때문이죠. 또 단백질의 과다 섭취는 신장에 부담을 주기도 합니다. 그래서 단백질 섭취량은 에너지 권장량의

배고파...
단백질 결핍으로
아이들이 콰시오커에
걸렸어요.

과일과 채소에는 비타민, 무기질, 섬유질이 많이 들어 있다. 비타민 A, 비타민 C, 비타민 E(토코페롤) 등은 면역력을 키우는 데 효과가 크다. 무기질 중 철분, 구리, 아연, 셀레늄 등도 면역과 밀접한 관련이 있다. 면역력을 강화시켜 주는 과일과 채소를 하루에 500그램 이상 섭취하는 게 좋다.

15~20퍼센트 수준을 유지하는 것이 바람직하죠. 그 이하나 이상으로 단백질을 섭취하면 인체에 해로울 수 있답니다.

무기질 가운데 하루에 100밀리그램 이상 필요한 것을 다량 무기질이라고 부릅니다. 다량 무기질에는 칼슘, 인, 나트륨, 칼륨, 마그네슘 등이 있지요. 이 중에서 칼슘과 인은 골격의 형성과 발달에 중요하고, 마그네슘이나 망간은 효소의 작용에 필수적이며, 나트륨, 칼륨, 염소 등은 체내 전해질 균형이나 신경 자극의 전달, 근육 수축 등에 관여하죠.

무기질은 비타민과도 관계가 있습니다. 예를 들어 비타민 D는 칼슘의 흡수를 돕고, 비타민 C는 철분의 흡수를 늘립니다. 칼슘은 특히 골다공증의 발병 여부에 중요한 역할을 하는 결정 요인이죠. 하루에 100밀리그램 미만 필요한 미량 무기질 중에서 철분과 아연은 권장 섭취량이 정해져 있습니다. 특히 철분은 성장기 어린이와 가임기 여성의 과반수가 부족하기 쉬운 영양소죠. 상당수의 어린이와 여성이 철분 결핍성 빈혈 등으로 고생하고 있어요.

비타민의 경우는 앞에서 괴혈병과 각기병을 예로 들어 설명하였기 때문에 여기서는 생략하겠습니다.

20세기 이전의 영양학은 영양소의 부족이나 결핍에 초점을 맞추었습니다. 하지만 21세기 이후의 영양학은 부족함보다 과잉에서 비롯되는 영양 문제에 관심을 두고 있죠. 특히 에너지, 포화 지방, 총 지방, 소금 등의 과잉 섭취로 인해 많은 문제가 발생하고 있습니다. 현대인의 만성 질환인 암, 고혈압, 뇌졸중, 비만, 당뇨 등이 대부분 영양을 너무 많이 섭취하는 데 원인이 있지요.

가장 대표적인 과잉 영양의 문제는 열량의 과다 섭취로 인한 비만입니다. 참으로 아이러니한 일입니다. 오랜 세월 동안 인류는 생명이나 건강과 직결되는 영양 부족 문제를 해결하려 애써 왔는데, 정작 오늘날엔 영양 과잉 문제가 터지기 시작한 거죠. 2013년 '국민 건강 영양 조사' 결과에서도 여전히 에너지 및 지방 과잉 섭취, 고혈압, 비만, 당뇨병, 고콜레스테롤혈증 등의 만성 질병 증가 등이 문제가 되고 있습니다.

04

먹을거리를 바꾼 놀라운 기술, 식품 공학

인류 식생활에 한 획을 그은 진화

오늘날 식품 공학에서 사용하는 기술 가운데 한 가지는 바로 구석기 시대에 먹고 남은 고기를 연기에 그을려 익히던 훈연 기술입니다. 훈연은 구석기인이 원조인 오래된 기술인 셈이죠. 가을에 햇볕에 말린 빨간 고추인 '태양초'를 본 적이 있나요? 이렇게 식품을 햇볕에 말리는 일광 건조 기술도 선사 시대부터 시작된 무척 오래된 기술입니다. 구석기인들이 타임머신을 타고 현대에 나들이 와서 식품을 훈연하거나 말리는 광경을 본다면, "백만 년도 더 지났는데 별로 달라진 게 없네." 하고 수군거릴 수도 있겠네요.

식품을 소금에 절이는 염장 기술도 인류가 소금을 먹을 때부터 시작한 저장 기술입니다. 죽이나 밥, 떡이나 빵을 만드는 기술은 물론, 맥주나 포도주 같은 술을 빚는 발효 기술도 기원전부터 쓰여 온 무척 오래된 기술이죠.

식품의 가공과 조리의 원리는 기본적으로 같습니다. 차이가 있다면 규모이지요. 식품 조리는 가족이나 손님처럼 적은 수의 사람들을 위한 소규모 작업인 반면, 식품 가공은 수많은 사람들을 위한 대규모 작업이지요.

신석기 시대에 접어들면서 인구가 늘어나고 분업이 심화되자, 사회가 원하는 대로 대량의 음식을 대규모로 만들어 낼 필요가 생겼습니다. 도시가 형성되고 무역이 활발해지면서 멀리 수송할 필요도 점점 커졌고요. 그래서 사람들을 동원하여 대규모로 음식을 가공하기 시작했어요.

그러다가 인력 대신 기계의 힘으로 대규모 가공이 가능해졌습니다. 산업 혁명 이후에 과학과 기술이 충분히 발달한 덕분이지요. 이에 따라 식품의 대량 생산과 상품화가 빠르게 진행되었고, 식품 산업이 발전하면서 이를 뒷받침해 줄 식품 공학이라는 학문이 생긴 겁니다.

식품 공학의 핵심은 식품 가공과 식품 저장입니다. 그런데 식품 가공과 식품 저장을 구분하기가 애매한 경우가 많아요. 예를 들어 식품 저장을 위해 개발된 통조림은 새로운 가공식품이 되었고, 발

백만 년이나 지났는데
별로 달라진 게 없구먼.
죽
밥
떡
술
훈제고기
빵
식품 저장과 가공을 한 번에!
이 통조림을 맛보면
그런 소리 못 하지.
닭가슴살
통조림

효 기술로 가공한 와인은 포도즙보다 더 오래 저장할 수 있죠. 다시 말해 식품 가공과 식품 저장은 서로 보완하며 발전하는 경우가 많다는 겁니다. 일종의 시너지 효과죠. 시너지 효과는 '1+1=2'가 아니라 '1+1＞2'처럼 예상보다 더 좋은 상승효과를 일컬어요.

식품 공학에 여러 가지 기술이 많지만, 그 가운데 대표적인 기술 세 가지를 꼽는다면 식품의 건조 기술, 가열 살균 기술, 냉동 냉장 기술을 들 수 있습니다. 이런 기술 덕분에 날씨나 기후에 관계없이 식품을 오랫동안 보존할 수 있게 되었어요. 한마디로 인류의 식생활에 한 획을 그은 기술인 셈이죠.

인스턴트커피는

어떻게 건조됐을까?

식품을 오래 보관하기 위한 건조 기술의 경우, 선사 시대부터 지금까지 태양이나 바람을 이용한 자연 건조 방식을 오랫동안 활용해 왔습니다. 오늘날에도 바닷가에서 햇볕과 바닷바람으로 마른오징어와 꽁치나 청어를 말린 과메기를 만들고 있어요. 그런데 자연 건조는 외부 환경, 특히 날씨에 좌우되는 것이 큰 단점입니다.

1600년대에 인공 건조 방법을 처음으로 시도했지만 성공하지 못했어요. 계속 시도한 끝에 1880년대에 와서야 건조실에서 뜨거운 바람을 이용하여 건조 과일과 건조 채소를 만드는 데 성공했지요. 그 후 여러 가지 인공 건조 기술이 개발되었는데, 그 가운데

오~
물에 잘 녹고
향기
좋고~
맛이
좋네요.
동결 건조 인스턴트커피
시음회
Coffee

분무 건조와 동결 건조 두 가지만 소개할게요.

인스턴트커피를 마셔 봤나요? 인스턴트커피를 만들 때 주로 사용하는 건조 기술이 분무 건조와 동결 건조입니다. 일반적으로 분무 건조 커피보다 동결 건조 커피가 맛이 좋고 값도 비싼 편이죠.

분무 건조는 커피 농축액을 미세한 방울로 뿜어내 뜨거운 공기로 몇 초 안에 재빨리 말리는 방법이에요. 그런데 헤어드라이어로 머리를 말릴 때 보면 처음에는 그리 뜨겁지 않다가 시간이 지나면서 뜨거워지잖아요? 식품을 열풍 건조할 때도 건조 시간이 길어지면 식품이 뜨거워지면서 품질이 나빠질 수 있습니다. 이것이 일반적인 열풍 건조의 단점이지요.

하지만 분무 건조에는 열풍 건조의 단점이 없어요. 고체를 여러 조각으로 쪼개면 표면적이 넓어지듯, 액체도 분무하면 표면적이 크게 넓어지죠. 표면적이 넓기 때문에 몇 초 안에 마르는 것이고요. 그래서 분무 건조 커피는 열에 의해 품질이 크게 손상되지는 않아요.

동결 건조 커피는 커피 농축액을 우선 얼린 다음에 진공 상태를 유지하면서 저온에서 말린 겁니다. 액체인 물을 기체인 수증기로 증발시키는 일반적인 건조 방식과는 다르죠. 동결 건조는 고체인 얼음 상태에서 기체인 수증기로 승화시켜 말리는 특별한 방법이에요. 아이스크림을 포장할 때 넣어 주는 드라이아이스가 고체

동결 건조 식품은 인스턴트 커피를 비롯하여 육류, 새우, 야채, 알, 컵라면 등 다양하게 나와 있다. 다공질이므로 공기 중의 습기를 빨아들이는 성질이 높아 저장에 주의해야 한다.

이산화탄소인 것은 알고 있죠? 새하얀 드라이아이스 덩어리가 점차 줄어들면서 직접 기체 이산화탄소가 되는 것이 바로 승화랍니다.

특히 동결 건조는 산소가 없는 진공 상태에서 이루어지기 때문에 식품 성분의 산화가 잘 일어나지 않아요. 또 얼음 상태인 수분이 승화하면서 식품은 다공성(미세한 구멍이 많은) 구조가 됩니다. 그래서 동결 건조 커피에 뜨거운 물을 부으면 쉽게 녹죠. 이런 특징을 가리켜 복원성이 좋다고 말합니다. 게다가 동결 건조 커피는 분무 건조 커피보다 품질이 우수해요. 특히 커피 향이 잘 유지되지요.

동결 건조 기술은 1950년대부터 개발이 시작되어 1960년대 이후에야 산업화되었습니다. 지금도 식품, 의약, 생명 공학 등 여러 분야에서 널리 사용되는 우수한 건조 기술이죠.

3분 카레가

가열 살균 식품이라고?

식품을 가열 살균하는 기술의 경우, 1810년에 니콜라 아페르의 노력으로 병조림 기술이 먼저 개발되었습니다. 그 후 영국의 피터 듀랜드가 유리병 대신 주석관 사용을 제안하여 오늘날의 통조림용 캔이 탄생했어요. 얇은 철판에 주석을 입힌 금속으로 만든 관에 식품을 담아 가열 살균한 것입니다. 미국은 1820년부터 통조림용 캔을 만들기 시작했고, 우리나라의 경우 1892년 전라남도 완도에서 만든 전복 통조림이 최초의 통조림 제품이죠.

통조림에 대해서는 2부에서 자세히 설명하기 때문에 여기서는 레토르트 파우치 식품에 대해서 좀 더 알아보겠습니다. 레토르트

레토르트 식품은 카레, 짜장, 단팥죽, 호박죽, 국, 스프 등 다양하게 나와 있다. 살균제, 보존제 등의 식품 첨가물을 사용하지 않아도 1년 이상 장기 보존이 가능하다.

는 살균을 의미하고, 파우치는 봉지 모양의 포장재를 가리키니, 레토르트 파우치 식품은 봉지 모양의 포장재에 담아 가열 살균한 식품을 뜻하죠.

레토르트 파우치에 쓰이는 플라스틱 포장재의 경우, 1899년 독일의 한스 폰 페치만이 폴리에틸렌을 발견하고, 1933년 에릭 포셋이 폴리에틸렌을 가공하는 기술을 발명하면서 급속하게 발전했습니다. 가공된 폴리에틸렌은 전화선으로, 제2차 세계 대전 때 레이다 부품으로 사용되었어요. 그리고 1950년대부터는 영국 슈퍼마켓에서 물건을 담는 용도로 쓰이기 시작했죠.

레토르트 파우치 연구는 제2차 세계 대전 중이던 1940년 미국에서 캔을 대체하기 위해 시작되었어요. 당시의 통조림용 캔은 무겁고, 부피도 크며, 개봉이 쉽지 않아 병사들이 다칠 염려가 있어 다른 것으로 바꿀 필요가 있었던 겁니다.

이 연구를 시작한 지 18년이 흐른 1958년에야 미국 육군의 내틱 연구소가 레토르트 파우치와 레토르트 파우치 식품을 개발하는 데 성공했습니다. 최초의 레토르트 파우치 식품은 군사용이었던 거죠. 니콜라 아페르가 개발한 최초의 병조림 식품이 프랑스군을 위한 군사용이었던 것처럼 말이에요.

배고파요~

2분 안에 카레를 요리해 주마.
아빠 최고!
2분 카레
레토르트 파우치

하지만 레토르트 파우치 식품을 일반용으로 상품화한 것은 일본이 빨랐습니다. 일본은 1968년부터 레토르트 카레를 판매하기 시작하였죠. 곧이어 우리나라도 일본에서 수입한 파우치에 식품을 담아 살균한 레토르트 식품을 판매했어요. 1983년에는 삼아알미늄과 KSP(구 한국 특수 포장)가 각각 한국 식품 연구원(구 농어촌 개발 공사 식품 연구소)과 국방 과학 연구소의 지원으로 레토르트 파우치를 국내에서 생산하는 데 성공하였어요.

레토르트 파우치 식품은 플라스틱 필름과 알루미늄박으로 만든 파우치에 식품을 넣고 고온 살균한 식품이에요. 통조림 식품과 저장성은 비슷하나 살균할 때 열 침투가 빨라 식품 보존 품질은 더 우수하다고 합니다. 그래서 레토르트 파우치 식품은 우주식으로도 만들어진다고 해요.

피시 앤드 칩스가 냉동 기술 덕분이라고?

식품을 신선하게 보관하기 위한 냉동 냉장 기술의 역사는 기원전 10세기경으로 거슬러 올라갑니다. 고대 중국의 주나라에서는 왕이나 특별한 계층이 석빙고에 저장해 둔 얼음을 사용했지요. 서양에서는 만년설을 벽과 벽 사이에 넣은 아이스박스와 같은 저장고에 포도주를 넣어 차갑게 보관했고요. 마케도니아의 알렉산드로스 대왕이나 로마의 네로 황제는 얼음을 저장하여 이용한 것으로 유명하죠.

우리나라에서도 신라의 석빙고와 조선의 동빙고, 서빙고에 얼음을 저장해 놓고 나라에서 관리했답니다. 빙고는 얼음을 넣어 두는 창고라는 뜻이에요. 얼음은 주로 왕실의 제사나 궁중 음식 등에 사용된 사치품이었죠. 추운 겨울에 한강에서 얼음을 잘라 내빙고까지 운반하는 것은 너무도 힘든 일이었답니다. 그래서 겨울만 되면 한강 근처에 사는 장정들이 도망가기 일쑤였죠. 이 장정들을 기다리는 아내들은 얼음 창고 때문에 청상과부가 되었다고 하여 '빙고 청상'이라 불렸답니다. 오늘날 언제라도 냉장고에서 얼음을 꺼내 먹을 수 있는 우리가 볼 때에는 이해하기 어려운 일이죠.

과학적인 냉동 냉장 기술은 1876년 독일의 카를 폰 린데가 발명한 암모니아 압축식 냉동기에서 비롯되었습니다. 냉동기로 얼음을 인공으로 만들기 시작하면서, 식품 가공 및 저장 기술의 획기적인 발달이 이루어졌죠.

또 미국의 클래런스 버즈아이는 이누이트 인이 생선을 얼음 밑에 넣어 급속 냉동하는 것을 관찰했어요. 그렇게 얼린 생선은 상당히 싱싱했답니다. 여기에서 아이디어를 얻은 그는 1924년 급속 냉동을 위한 새로운 공법을 특허로 등록했어요. 급속 냉동하면 작은 얼음 결정이 균일하게 많이 만들어져 냉동식품의 조직이 덜 손상됩니다. 버즈아이는 냉동식품의 품질 향상에 크게 이바지하였기 때문에 미국에서 냉동식품의 아버지라고 불린답니다.

냉동 냉장 기술은 증기 기관으로 움직이는 증기선과 증기 기관차의 발명과 더불어 인류의 식생활을 크게 변화시켰습니다. 이런 기술 덕분에 아르헨티나의 소고기나 서인도 제도의 바나나가 영

이누이트 인이 생선을 저장하는 법에서
힌트를 얻었죠.

특허
급속 냉동을 위한
새로운 공법

국으로 수입될 수 있었죠. 이 시기에 영국에서 탄생한 것이 피시 앤드 칩스입니다. 이것은 튀김옷을 입힌 흰 살 생선 튀김에 길쭉한 감자튀김을 곁들여 먹는 영국의 대표 음식이죠. 이 음식은 오늘날에도 인기가 여전해요. 매년 최고의 피시 앤드 칩스 가게를 선정하는 경연이 열릴 정도이니까요.

피시 앤드 칩스는 어업의 발달로 대구와 같은 흰 살 생선의 어획량이 급증한 데다, 냉동한 생선을 증기선과 증기 기관차로 빠르게 실어 나를 수 있어 대중적인 음식으로 자리 잡을 수 있었답니다. 이것은 제1, 2차 세계 대전 당시 영국인들에게 위안을 주는 음식이기도 해서, 당시 영국군은 '피시'라는 암호에 '칩스'라는 암호로 화답하면 아군으로 간주했대요.

하지만 암모니아 압축식 산업용 냉장고는 간혹 폭발하거나 암모니아가 유출돼 유독성 냄새를 풍기는 경우가 종종 있었어요. 그래서 사람들은 안전한 가정용 냉장고의 성공적 개발을 손꼽아 기다렸습니다. 드디어 1911년 미국의 제너럴 일렉트릭 사가 최초로 가정용 냉장고를 만들었고, 그 후 1920년대에 프레온을 냉매로 사용한 가정용 냉장고가 탄생했습니다. 요즘도 사용하고 있는 안전한 냉장고죠.

우리나라에서는 1965년에 LG 전자(구 금성사)가 처음으로 국산 냉장고를 생산했는데, 당시에는 냉장고가 부의 상징이었대요. 베트남 전쟁 때 국내에 들여온 미제 냉장고는 국산보다 인기가 있었고요. 1970년대에는 삼성 전자와 대우 전자도 냉장고 시장에 뛰어들었습니다. 최근에는 김치냉장고, 와인 냉장고 등 기능성 냉장고도 인기가 있죠. 냉장고 덕분에 인류는 선사 시대 이래 처음으로 보존에 대한 걱정 없이 음식을 집에 둘 수 있게 됐습니다. 냉장고는 이제 생활필수품이라 냉장고 없는 식생활은 거의 상상하기 어렵죠.

05

내일을 향한 식품학의 진화

건강 기능 식품은 의약품이 아니라고?

요즘 어린이와 청소년은 예전에 비해 훨씬 체격이 커졌습니다. 키가 쑥쑥 크는 건 좋은데, 몸무게가 아주 많이 늘어나는 건 문제가 된답니다. 2013년 보건 복지부에서 실시한 '국민 건강 영양 조사'에 따르면 비만 인구 비율이 18세 이하 9.2퍼센트, 어린이 6.1퍼센트, 청소년 12.7퍼센트라고 합니다. 대략 10명 중 1명이 비만이라는 거죠.

물론 이 수치는 성인의 비만 비율 32.5퍼센트(대략 10명 중 3명)보다는 낮습니다. 하지만 어린이와 청소년이 비만일 경우 성인처럼 고지혈증, 고혈압, 당뇨병 등의 위험 요인이 커지고, 외모에 대한 자신감 부족으로 스트레스가 심해지는 등 여러 가지 문제점이 나타나죠. 게다가 비만인 어린이와 청소년은 비만인 성인으로 자랄 확률이 높다는 것도 문제예요.

인체는 음식을 연소하여 에너지를 얻는 일종의 열기관입니다. 에너지 투입량과 에너지 소모량이 같으면 아무 문제가 없죠. 하지만 우리는 지금 맛있는 음식은 너무 많고 활동량은 너무 적은 환경에서 살고 있잖아요? 에너지 투입량은 많고 에너지 소모량은 적으니, 결국 그 차이만큼 뱃살의 형태로 체지방을 저축하게 됩니다.

먹는 걸 줄이고 운동량을 늘려야 체지방을 줄일 수 있는데, 그렇게 하기 어려운 것이 현실이죠. 공부나 컴퓨터에 집중해 실내에만 머물다 보면 운동 부족이 되기 쉽고요. 또 학업 스트레스로 폭식, 편식, 야식 등 불규칙적인 식습관을 갖게 되기 쉽죠. 그래서 체지방이 빨리 늘어날 가능성이 높습니다. 게다가 기름지고 달착지근한 서구화된 식생활도 체중 증가를 더욱 부추기고요.

체지방을 줄이려면 저축한 체지방을 써야 합니다. 우리는 생활을 위해 매달 들어오는 월급을 먼저 쓰고, 잘 모아 둔 정기 예금은 꼭 필요할 때 또는 나중에 쓰죠? 마찬가지로 우리 몸도 포도당을 먼저 쓰고, 그다음에 체지방을 씁니다. 따라서 운동을 20분 이상 지속하여 포도당을 다 써야 비로소 지방이 분해되기 시작하죠. 즉, 하루 30분 이상 규칙적으로 운동해야 비만을 예방할 수 있답니다.

또 열량과 지방이 많은 음식을 피하고 폭식, 과식, 야식을 하지 않아야 하죠. 특히 섬유질이 많은 음식이 체지방 증가를 예방하는 데 도움이 됩니다. 이렇게 꾸준히 운동하고 식습관을 조절하는 것이 가장 중요하죠.

그런데 꼭 필요한 경우에 한하여 건강 기능 식품의 도움을 받을 수도 있어요. 어떤 건강 기능 식품은 남는 에너지를 지방으로 합성하는 과정을 방해하고, 또 어떤 것은 지방 분해를 촉진하여 체지방을 줄이는 데 도움을 줄 수 있답니다. 하지만 성장 중인 청소년에게는 이런 건강 기능 식품이 거의 필요하지 않죠. 원래 어른들을 위한 것이니까요.

건강 기능 식품은 일반 식품이나 의약품과는 무슨 차이가 있을까요? 우선 적용되는 법이 달라요. 일반 식품은 '식품 위생법', 의약품은 '약사법', 건강 기능 식품은 '건강 기능 식품에 관한 법률'의 적용을 받습니다.

건강 기능 식품을 이용하는 주요 대상도 달라요. 일반 식품은 누구나 먹을 수 있죠. 다시 말해 건강인, 반건강인, 환자가 모두 대상이 돼요. 의약품은 병에 걸린 환자가 대상이고요. 건강 기능 식품은 건강인과 건강이 약간 나빠진 반건강인이 대상입니다.

제품에 표시할 수 있는 내용도 달라요. 일반 식품은 '기능성'과 관련된 표시를 아예 할 수 없어요. 의약품은 병에 효과가 있다는

게임 그만하고
당장 운동하러 가자.
인스턴트가 뭐니?
균형 잡힌 식사로
비만 탈출 해야지?

유효성(질병의 진단, 치료, 경감, 처치 또는 예방 효과)을 표시할 수 있죠. 건강 기능 식품은 기능성을 표시할 수 있습니다.

건강 기능 식품은 의약품이 아니에요. 따라서 질병 치료제가 아닌 거죠. 위에서 예로 든 건강 기능 식품은 비만이라는 질병을 치료하는 의약품이 아니고, 비만 상태를 줄이는 데 도움을 줄 수 있다는 뜻입니다.

그러면 궁금증이 또 생길 거예요. 도대체 '기능성'이란 말은 무슨 뜻일까요? 기능성 식품은 1984년에 일본에서 처음 사용한 말입니다. 일본은 기능성 식품을 '영양 성분을 공급하면서 보건 용도에 적합한 식품'이라는 의미로 사용한 거죠. 우리나라는 이것을 건강 기능 식품이라고 명확히 불렀고, 2002년에 건강 기능 식품에 관한 법률을 만들었어요. 이 법에 따르면 건강 기능 식품은 '인체에 유용한 기능성을 가진 원료나 성분을 사용하여 제조(가공 포함)한 식품'입니다. 여기서 '기능성'이란 영양소의 조절이나 생리적 작용 등 보건 용도에 유용한 것을 말하죠.

기능성 식품학은 인체에 쓸모 있는 기능성을 가지는 식품 원료나 성분을 다루는 학문입니다. 기능성 식품은 식품의 1차 기능인 '영양성'과 2차 기능인 '기호성' 이외에 3차 기능인 '생체 조절'을 강조한 식품이죠. 따라서 기능성 식품학이란 영양소 조절과 더불어 감염 위험에 대한 생체 방어, 질병의 예방 및 회복 등과 같은 생체 조절 효과를 지닌 식품의 원료나 성분에 관하여 연구하는 학문이라고 정의할 수 있어요.

기능성 식품학은 식품 영양학과 식품 공학의 협력을 바탕으로 의·약학과 생명 과학의 도움을 받아, 식품이 포함한 기능성 성분이 인체의 구조와 기능에 미치는 생리학적 작용을 연구 대상으로 하는 학문인 거죠.

기능성 식품학의 역사는 아주 짧습니다. 그 탄생 배경에는 '영양 부족'에서 '영양 과잉'으로 바뀐 현대의 식생활이 있어요. 우리가 잘 알다시피 음식은 생존을 위한 필수품이었는데, 소득 수준의 향상에 따라 맛을 추구하는 것으로 바뀌었죠. 이와 같은 현대의 식생활로 인해 비만, 고혈압, 당뇨, 뇌졸중, 암 등을 앓는 환자가 늘어나게 되었습니다. 따라서 잘못된 생활 습관으로 인한 병이나 만성 질환을 예방하고자 개발된 것이 기능성 식품인 거죠. 또 이에 발맞춰 등장한 것이 기능성 식품학이고요.

최근 세계 여러 나라는 기능성 식품을 21세기 식품 산업계를 주도할 품목으로 키우고 있습니다. 그만큼 기능성 식품학은 앞으로도 발전 가능성이 무궁무진하고, 미래의 식품 산업을 주도할 학문이 되리라 예상하지요.

나만을 위한 맞춤 영양학

요즘 우리가 입는 옷은 대부분 기성복입니다. 일반적으로 키, 가슴둘레, 허리둘레 등을 기준으로 의복 치수가 정해지죠. 그런데 이 치수에 딱 들어맞는 표준 체형도 있지만, 허리에 맞추면 품이 크든가 팔이 길든가 하여 조금씩 수선해 입는 경우가 많아요. 현대 영양학이 만들어 낸 영양소 섭취 기준도 이런 기성복과 같습니다. 대부분의 사람에게 맞지만 모든 사람에게 꼭 맞는 기준은 아니라는 거죠. 내 몸에 꼭 맞는 옷을 입으려면 맞춤옷을 입어야 하듯, 나의 건강 상태에 꼭 맞는 영양소를 섭취하려면 나에게 맞춘 영양 기준이 필요합니다. 이런 것을 연구하는 학문이 맞춤 영양학입니다.

고대 그리스의 의학자 히포크라테스는 인간의 체액은 혈액, 점액, 노란 담즙, 검은 담즙의 네 가지로 이루어져 있고, 체액에 따라 음식을 달리하여 치료할 수 있다고 했어요.

조선 말기의 한의학자 이제마는 사람의 체질을 태음인, 태양인, 소음인, 소양인의 네 가지로 나누어, 체질에 따라 그에 맞는 음식물을 섭취하면 병을 예방할 수 있다고 했어요. 또 같은 병이라도 체질에 따라 치료법과 약의 효능이 달라진다고 했죠.

그렇지만 현대 영양학의 입장에서는 이런 주장을 받아들이기 어려웠어요. 사람에 따라 영양 섭취를 달리해야 한다는 주장에 과학적 근거가 없었거든요. 그러다가 최근에 탄생한 것이 맞춤 영양학입니다.

우리 함께 생각해 봅시다. 여기 두 사람이 있습니다. 둘은 나이, 성별, 키, 몸무게가 같고 건강하며, 직업은 물론 운동이나 취미도 같습니다. 과연 이 두 사람이 필요로 하는 영양소나 음식도 같을까요? 아마 그렇지 않을 겁니다. 왜냐하면 두 사람의 유전자가 다르기 때문입니다. 유전자가 다르면 필요한 영양소와 음식도 달라지죠. 사람에게 필요한 영양소와 음식을 몇 가지 체질로 분류하지 않고 한 사람 한 사람의 고유한 유전자를 기준으로 살펴보자는 것, 이것이 개인별 맞춤 영양입니다. 각자의 유전자에 맞춘 영양을 섭취해서 병을 예방하고 장수할 수 있도록 하자는 거죠.

그리스
히포크라테스
사람의 체액은 혈액, 점액, 노란 담즙, 검은 담즙
네 가지로 나뉘는데 이에 따라 음식을
달리하여 치료할 수 있습니다.

사람의 체질은 태음인, 태양인, 소음인,
소양인의 네 가지로 나뉩니다.
조선 한의학자
이제마

유전자에 따라 필요한 영양소와
음식이 달라집니다.
21세기 맞춤 영양학

인간 게놈 지도는 인간의 유전자 정보를 자세하게 밝힌 지도이다. 게놈 지도를 바탕으로 질병에 결정적인 영향을 미치는 유전자를 밝혀내고, 병의 예방 및 치료에 활용할 수 있다.

맞춤 영양학의 뒤에는 영양 유전체학이 있습니다. 영양 유전체학은 영양소, 유전자, 건강 사이의 상호 작용에 대하여 연구하는 분야예요. 우리가 섭취한 영양소는 유전자와 상호 작용하여 유전자의 작용을 조절하지요. 그 결과 다양한 만성 질환의 발병 위험을 줄일 수 있습니다. 이렇게 영양소가 유전자의 발현을 조절하기도 하고, 유전자가 영양소 대사에 영향을 주기도 합니다.

2003년에 완료된 '인간 유전체 해독 사업'을 통해 사람의 유전자 염기 서열이 밝혀지면서, 영양 유전체학이라는 학문의 씨앗이 뿌려졌습니다. 인간 유전체에 대한 정보를 이용하여 질병을 예방하고 치료할 수 있다는 기대가 있었기 때문이죠. 이제 유전자를 검사하여 개인에게 적합한 영양과 식품을 제공할 수 있는 가능성이 열렸어요. 맞춤 영양학을 활용하여 특정한 질병과 상관성이 높은 유전자를 가진 사람에게, 그 질병 예방에 필요한 맞춤 영양소, 맞춤 식품, 맞춤 식단을 제공할 수 있는 날을 기다려 봅니다.

우리나라는 20~29세 여성에게 2,000킬로칼로리의 열량을, 16~19세 청소년 남성에게 900밀리그램의 칼슘을 1일 영양 섭취 기준으로 권장하고 있습니다. 하지만 모든 성인 여성에게 2,000킬로칼로리가 매일 필요하지는 않아요. 또 모든 청소년 남성이 날마다 칼슘 900밀리그램을 먹어야 하는 것도 아니고요. 그런데도 지금까지의 영양소 섭취 권장량은 성별, 나이, 임신 여부만을 고려해 정한 기준을 기성복처럼 획일적으로 적용했던 겁니다. 개인의 유전적 차이는 고려되지 않은 시스템이었죠. 하지만 미래에는 맞춤 양복처럼 개인별로 맞춤 영양 정보를 제공받을 수 있게 될 겁니다. 맞춤 영양학은 앞으로 계속 진화하고, 발전할 것입니다.

06

생명과 건강을 좌우하는 음식 윤리

무농약 사과
무농약 사과
무농약 사과
무농약 사과
사과
무농약 사과
사과
무농약 사과
사과
무농약 사과
사과
무농약 사과
사과
무농약 사과
사과
무농약 사과
사과
무농약 사과
아무도 보는 사람
없겠지.

음식 윤리는

왜
중요할까?

식품이란 우리가 먹는 모든 음식물이고, 음식물은 맛, 영양, 안전성을 갖추어야 합니다. 이번에는 안전성과 관련된 식품 위생과 음식 윤리를 중심으로 살펴볼까요? 식품 위생은 영어로 푸드 하이진(food hygiene)이라고 합니다. 하이진은 그리스 어 히기에이아(Hygieia)에서 유래한 말로, 그리스 신화에 나오는 건강의 여신 이름이기도 해요. 다시 말해 식품 위생은 사람의 건강을 지키기 위한 것이죠.

그런데 도대체 왜 식품이 위생상 문제가 되는 걸까요? 그 이유는 식품이 직접 사람의 몸속으로 들어가기 때문이에요. 식품에는 영양소도 들어 있지만, 해로운 미생물이나 독소가 들어 있기도 해

먹을 것 가지고 장난치는 업자들 용서할 수 없어!!
음식 윤리가 너무 부족해!
철컥
불량 만두
농약 쌈채소
불량 꿀
톱밥 고춧가루
멜라민 분유
중국산 찐쌀
납 꽃게
불량 참기름

요. 식품을 통해 각종 전염병이 전파된다는 사실도 이미 과학적으로 밝혀졌지요.

선사 시대부터 과학이 발달하기 이전까지의 식품 위생은 그야말로 원시적이었어요. 누군가 먹고 탈이 났던 것은 피하고, 먹어본 결과 안전한 것만 계속 먹었죠. 병에 걸리면 신의 벌을 받았다고 생각했어요. 그래서 굿이나 주술적 신앙으로 신과 화해하여 건강을 되찾으려 했지요. 한마디로 비과학적인 방법을 동원한 치료에 의존했던 것입니다. 그러다가 1600년대 이후 미생물, 특히 병원균에 대한 연구가 활발해지면서 식품 위생은 점점 과학적인 내용으로 채워지게 됩니다.

우리나라는 1962년에 '식품 위생법'을 제정하였죠. 이 법은 '식품으로 인하여 생기는 위생상의 위해(危害)를 방지하고, 식품 영양의 질적 향상을 도모하며, 식품에 관한 올바른 정보를 제공하여 국민 보건의 증진에 이바지함'을 목적으로 합니다.

1960년대는 특히 해로운 식품의 문제가 심각했어요. 대표적인 것으로 '톱밥 고춧가루' 사건을 들 수 있어요. 고춧가루의 양을 늘리기 위해 유해 색소로 빨갛게 물들인 톱밥을 섞어 판 것이죠. 톱밥을 먹다니 상상이 가나요? 그런데 2010년대에는 중국산 '불량 다대기' 수입 사건이 터졌습니다. 양념으로 쓰이는 다대기의 고춧가루에 먹을 수 없는 불량 고추인 '희아리'를 섞어 넣고, 색깔을 맞추기 위해 파프리카 색소를 넣었어요. 그 결과 소비자는 품질이 나쁜 다대기를 정상 가격에 살 수밖에 없었고, 그만큼 수입업자의 이득은 커졌죠. 1960년대보다 더욱 교묘하게 속이는 거지요. 속여 파는 물량도 크게 늘었고요. 따지고 보면 더 악랄한 짓 아닙니까?

국민 소득이 늘어나면서 부정 불량 식품은 더욱 다양해졌고, 규모도 커졌으며, 위해성(위험하고 해로운 정도)도 더 심해졌습니다. 식품 위생 사고의 종류가 얼마나 다양한지 볼까요? 멜라민이 검출된 중국산 분유, 표백제가 검출된 중국산 찐쌀, 저품질 무말랭이로 만든 불량 만두, 납 꽃게, 농약 쌈채소, 가짜 참기름, 가짜 꿀, 말라카이트 그린 장어 등 이루 말할 수 없을 만큼 다채롭게 발생했어요.

이에 따라 식품 위생 사건을 단속하기 위한 식품 관련 법규의 수도 늘렸고, 법의 적용도 강화했습니다. 식품 위생 관련 정부 기관의 위상도 높아져 '식품 의약품 안전청'이 '식품 의약품 안전처'로 승격되었습니다. 이런 노력에도 불구하고 법은 식품 위생 관련 범죄의 빠른 진화를 가까스로 뒤따르는 정도입니다.

왜 이렇게 되었을까요? 법을 강화해도 식품 위생 문제가 뿌리 뽑히지 않는 이유는 무엇일까요? 아마도 음식에 대한 윤리 의식이 없거나 부족하기 때문일 겁니다. 법보다 윤리가 우선되어야 사회가 잘 유지됩니다. 전기 누전 사고가 일어나면 법적 처벌 문제로 왈가왈부하기 전에 차단기부터 내려 전기를 끊어야 하지 않을까요? 이 차단기가 바로 윤리입니다.

이런 특성을 지닌 윤리와 비교해 볼 때, 법은 한마디로 '채찍과 당근' 같은 수단이라 할 수 있습니다. 숙제를 안 한 어린이에게 벌을 주거나 숙제를 잘한 어린이에게 상을 주는 식입니다. 하지만 채찍과 당근이 없어지면 원래대로 되돌아가기 쉽죠. 깜박 잊어버리고 벌이나 상을 안 주면 다시 숙제를 안 하는 어린이로 되돌아갈 수 있는 겁니다. 벌이나 상과 관계없이 숙제를 잘하는 어린이가 되어야 하는데, 그러려면 무언가 근원적인 것이 필요하지 않을까요? 스스로 숙제를 잘하려는 마음, 이것이 바로 윤리적 사고입니다.

그래서 식품 법규 이전에 음식 윤리를 점검해 보아야 할 때입니다. 특히 음식 윤리는 사람의 생명과 건강을 좌우하기 때문에 더욱 중요하죠. 게다가 오늘날에는 다수의 사람을 위해 만들어지는 음식이 많기 때문에 음식 윤리를 지키는 것은 대단히 중요하고도 시급한 일입니다.

쌈채소에

무허가 농약을 뿌린다고?

식품 위생 사건 가운데 식품 법규와 음식 윤리를 둘 다 위반하는 경우가 가장 흔하면서 해로운 정도도 심각하죠. 그래서 여기서는 이 경우에 해당하는 식품 위생 사건을 중심으로 살펴보겠습니다.

우선 농약을 뿌린 쌈채소 이야기를 해 볼까요? 최근 건강을 위해 채소를 먹는 사람들이 많아지면서 쌈으로 싸 먹기 좋은 채소의 소비가 늘고 있습니다. 날것으로 먹는 쌈채소에 농약이 들어 있으면 대단히 치명적이겠죠. 건강하려고 먹은 쌈채소가 오히려 건강을 해치니까요. 그런데도 쌈채소 재배 농민 가운데 농약을, 그것도 허가받지 않은 농약을 뿌리는 사람들이 일부 있어요. 게다가 수확 직전의 채소에 농약을 뿌리는 것은 법을 위반하는 행위입니다.

쌈채소에 파클로부트라졸이라는 농약을 뿌리면 줄기가 굵어지고, 색이 선명해지며, 곰팡이와 세균에 대한 저항성이 커진다고 해요. 특히 사람들이 많이 찾는 청겨자, 적겨자, 치커리, 케일 등의 쌈채소에 농약을 치면 색이 고와지고, 싱싱해지며, 품질 유지 기간이 길어져, 10~20배 높은 값을 받을 수 있다고 합니다. 소비자 역시 싱싱해 보이는 쌈채소만 사기 때문에, 농약을 뿌리지 않는 친환경 농가가 오히려 손해를 본다고 해요.

그런데 파클로부트라졸은 원래 관상용 식물에 뿌리는 농약입니다. 식용 채소에는 절대로 사용할 수 없죠. 게다가 우리나라에서는 아직 사용 허가도 나지 않은 농약이기 때문에 어떤 농작물에도 뿌릴 수 없어요. 쌈채소에 파클로부트라졸을 뿌린 농부들은 그 쌈채소를 자신이 먹을까요? 자식이나 손주에게 먹일까요? 아마도 결코 그러지 않을 거예요. 그런데도 자신의 이익을 위해 무허가 농약을 뿌리다니 정말 어이없는 일입니다. 이런 행위는 식품 법규 위반일 뿐 아니라 다른 사람의 생명을 존중해야 하는 음식 윤리를 명백히 어기는 것이기 때문에 비난받아 마땅합니다.

가짜 꿀이나 가짜 참기름은 식품 법규에도 위배될 뿐 아니라 가짜를 진짜인 것처럼 속여 팔았으므로 음식 윤리도 지키지 않은 경우입니다. 'A'라고 표시한 포장에 'B'라는 내용물을 넣는 행위는 음식 윤리의 정의의 원리를 따르지 않는 것이죠. 이런 허위 표시 행위를 법률 용어로 '표시 위반'이라고 부르는데, 원산지 표시 위반도 여기에 해당합니다.

추석이나 설 같은 명절 때 재래시장에서 일부 상인들이 원산지를 속여 2~15배 비싸게 판매하는 일이 종종 벌어집니다. 원산지를 잘 속이는 품목으로는 갈비, 등심, 삼겹살, 도라지, 대추, 말린 표고버섯, 고사리 등이 있어요. 음식점에서도 수입 고기를 쓰면서 국내산이라고 하는 경우가 있죠. 수입 고기만 쓰면서 국산과 수입산을 함께 사용하는 것처럼 차림표에 적어 놓기도 하고요. 구이용 냉동 밴댕이를 수입해 싱싱한 횟감이라고 속여서 유통시키는 일도 있지요.

원산지를 속이는 행위는 갈수록 교묘하게 진화하니, 속이려 들면 속는 수밖에 없어 법이나 윤리 모두 멀게만 느껴집니다. 이런 현실에서 음식 윤리를 호소하는 것이 얼마나 효과가 있을지, 정말 씁쓰레한 현실이에요. 소비자는 가짜 아닌 진짜를 원할 뿐입니다.

쌈채소가
정말 싱싱한걸?
많이 먹고
튼튼해질 거예요.
관상 식물용 농약
파클로부트라졸을 살포하는지
아무도 모를걸?

천벌
받을 놈!
컥

채소전을 먹고

식중독에 걸렸다고?

식품 위생에서 가장 주목하는 문제는 식중독이나 전염병입니다. 식중독이나 전염병을 일으키는 식품은 이미 식품이라고 할 수 없습니다. 왜냐하면 식품의 존재 이유는 우리의 건강과 생명의 유지에 있으니까요. 그런데 식품 법규와 음식 윤리를 위반할 의도가 없는 상황에서도 식품 위생 사고가 일어날 수 있습니다. 의도가 없다고 해서 법적 책임이나 윤리적 책임이 면제되는 것은 아니에요.

식중독 중에서 살모넬라 식중독에 대해 알아볼까요? 살모넬라균은 달걀 껍데기에 묻어 있는 경우가 많습니다. 이 균은 열에 약해 가열하면 쉽게 죽지만, 음식을 조리하는 과정에서 다른 식품에

2차 오염을 일으킬 수 있죠.

어느 신혼부부가 이바지 음식(신부 집에서 신랑 집으로 보내는 음식)을 가지고 시댁 식구들에게 인사드리러 갔답니다. 아주 더운 여름, 아주 먼 지방이었어요. 그런데 이바지 음식을 맛있게 먹은 식구들이 모두 구토와 설사를 심하게 했습니다. 조사 결과 살모넬라 식중독이었고, 원인 식품은 채소전으로 밝혀졌어요.

알다시피 전은 프라이팬에 기름을 두르고 가열해 만들기 때문에 미생물에 의한 식중독을 잘 일으키지 않아요. 하지만 이바지 음식 전문점은 많은 양의 전을 만들기 위해, 달걀을 10개씩 커다란 그릇에 깨어 넣고 쓰다가 모자라면 다시 달걀을 10개씩 더 깨 넣었습니다. 이런 식으로 조리하다 보니 달걀에 묻어 있던 살모넬라균이 하루 종일 그 그릇 안에 살면서 증식하였던 거죠.

살모넬라균은 달걀에 묻은 채 채소전 반죽으로 옮겨 들어갔는데, 채소에는 빈 공간이 많지요. 그 공간에 들어간 살모넬라균은 프라이팬에서 채소전을 뜨겁게 지질 때도 살아남을 수 있었고, 더운 여름날 오랜 시간 멀리 가는 동안 충분히 많은 수로 증식하여 식중독을 일으킨 겁니다. 신혼부부도, 이바지 음식 제조업자도 식품 법규와 음식 윤리를 위반할 의도가 전혀 없었지만 부주의로 인해 일어난 식품 위생 사고입니다.

식중독 중에는 농약, 중금속, 화학 물질 등에 의해 일어나는 것도 있습니다. 이번에는 수은 중독에 대해 알아보죠. 수은과 같은 화학적 유해 물질은 잘 배설되지 않고 몸 안에 쌓입니다. 그런데 생태계의 먹이 사슬은 작은 물고기 10마리가 큰 물고기 1마리에게 먹히고, 큰 물고기 10마리는 더 큰 물고기 1마리에게 먹히는 식으로 유지돼요. 결국 먹이 사슬의 윗단계에 있는 생물일수록 몸

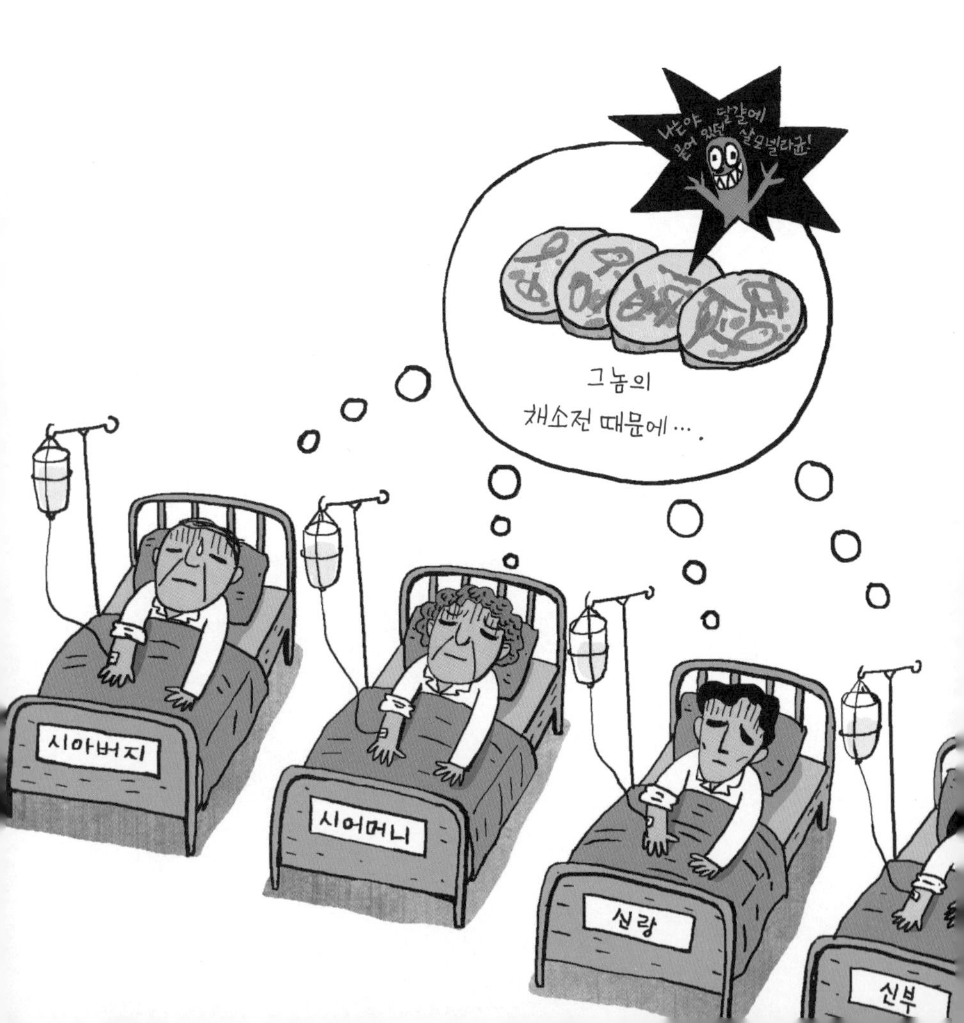

안에 농축된 유해 물질이 쌓이게 되죠. 사람은 먹이 사슬의 가장 높은 곳에 있습니다. 우리가 참치처럼 큰 물고기를 먹을 때 참치 몸에 쌓여 있던 수은도 함께 먹는 겁니다.

1956년 일본 미나마타 시의 주민들에게 훗날 '미나마타병'이라고 불리는 수은 중독 증세가 집단으로 나타났어요. 원인 물질은 미나마타 만 주변의 화학 공장에서 바다로 흘려 보낸 수은이었죠. 그 수은에 오염된 조개와 물고기를 먹은 2,000여 명의 주민들이 수은 중독을 일으킨 겁니다. 중독 증세는 팔다리 신경 마비, 난청, 언어 장애, 정신 장애 등이었고요.

최근 국내 한 병원에서 알츠하이머병 판정을 받은 할머니의 증세가 갑자기 악화되었는데, 그 원인도 수은 때문인 것으로 나타났습니다. 할머니는 식사 때마다 고등어, 삼치, 참치 등의 생선을 드셨다고 해요. 먹이 사슬 과정을 통해 체내에 수은이 많이 농축된 어류를 지나치게 많이 섭취해서 문제가 된 거죠.

생선의 몸속에 쌓인 수은은 인체 흡수율이 약 95퍼센트인 유기 수은의 형태예요. 이런 유기 수은은 신경 섬유와 결합해 신경 세포를 손상시키고 뇌세포도 빠르게 파괴하므로 특히 주의해야 합니다. 일본의 미나마타 만 주변의 화학 공장 근무자와 주민들, 알츠하이머병에 걸린 할머니는 모두 식품 위생과 수은 중독에 대해 잘 알지 못해 심각한 식품 위생 사고를 겪게 된 것입니다.

식품은 위생적이고 안전해야 합니다. 아무리 맛있고 영양 성분이 풍부해도 안전하지 않다면 결코 식품이라고 할 수 없죠. 암만 잘 먹어도 건강을 잃는다면 무슨 소용이 있겠습니까? 심지어 생명까지 잃게 된다면 얼마나 불행한 일이겠어요? 그래서 우리는 식품 위생 관련 법규와 음식 윤리에 큰 관심을 기울여야 합니다. 우리의 생명과 건강은 우리 스스로 지켜야 합니다.

2부

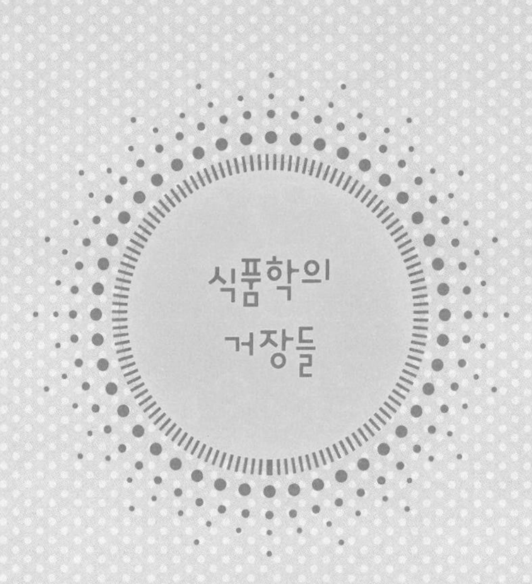

01

통조림의 아버지, 니콜라 아페르

Nicolas Appert
Nicolas Appert
Nicolas Appert
Nicolas Appert
Nicolas Appert
Nicolas Appert
Nicolas Appert
Nicolas Appert
Nicolas Appert
Nicolas Appert
Nicolas Appert
Nicolas Appert
Nicolas Appert
Nicolas Appert
Nicolas Appert

전쟁 때문에

통조림이
탄생되었다고?

여러분은 어떤 통조림을 좋아하나요? 참치 통조림? 파인애플 통조림? 둘 다 좋아한다고요? 그러면 혹시 김치 통조림은 먹어 봤나요? 김치 통조림은 본 적이 없다고요? 아, 그렇다면 김치 통조림부터 이야기하는 것이 좋겠네요.

오래전에 베트남 전쟁이 있었어요. 1960년에 시작되어 1975년에 끝난 전쟁이었는데, 우리나라도 맹호 부대나 청룡 부대 같은 군대를 파견했답니다. 전투에는 총이나 대포 등 무기만 필요할까요? 아니에요, 먹을거리가 꼭 있어야 하지요.

베트남 전쟁에서 우리나라 군인들은 미국 군인들이 먹는 전투식량인 C-레이션을 먹었어요. 하지만 곧 우리나라 군인들은 고향의 맛을 느끼고 싶어서 김치를 몹시 그리워하게 됐어요. 견디다 못한 군인들이 김치를 달라고 요구했대요.

베트남은 무척 무더운 나라이고 우리나라에서 멀리 떨어져 있잖아요? 김치를 그냥 보낼 수는 없었지요. 게다가 냉장고가 귀한 때였으니 쉽게 사용할 수도 없었고요. 그래서 군인들을 위해 개발한 것이 김치 통조림입니다. 물론 김치를 가열 살균했으니 김치찌개 냄새가 약간 났지요. 그래도 김치의 아삭거리는 맛은 살아 있었다고 해요. 우리 군인들은 김치 통조림을 먹으면서 고향을 그리워하는 마음을 달랬답니다. 그 덕분에 우리 군인들의 사기가 높아진 것은 당연했겠죠?

이와 비슷한 일이 오래전 프랑스에서 있었습니다. 1789년에 자유와 평등을 외치는 프랑스 대혁명이 일어났지요. 프랑스 대혁명으로 루이 16세와 마리 앙투아네트는 처형되었고, 프랑스는 공화제 국가가 되었으나, 혼란을 틈타 파리에 반란이 일어났어요. 이 반란을 진압한 나폴레옹은 제1통령이 되고 급기야 1804년에는 황제가 되었답니다. 이듬해 프랑스 해군은 영국에 졌지만 프랑스 육군은 러시아를 제외한 전 유럽을 제압하였지요.

아무튼 그 당시 프랑스는 늘 전쟁 중이었는데, 전투하다 죽는 병사보다 영양 부족이나 병 때문에 죽는 병사가 더 많아 걱정이었대요. 전쟁에서 이기려면 먼 거리까지 운반할 수 있고 오랫동안 저

전쟁이 끝나기 전에 병사들이
굶어 죽게 생겼어.
대책이 필요해….
배고파….
상한 음식 먹고
배탈 났나 봐.
집에
가고 싶어.

장할 수 있는 식품이 최우선으로 필요했죠. 그래서 프랑스 정부는 식품 보존 기술을 개발하는 사람에게 1만 2,000프랑을 주겠다고 현상금을 걸었답니다. 당시 프랑스 노동자의 연봉이 1,000프랑, 교수의 연봉이 5,000프랑이었어요. 그러니 프랑스 정부의 현상금은 노동자 연봉의 12배, 교수 연봉의 2.4배에 달하는 거액이었죠.

이 현상금을 받은 사람이 누구일까요? 바로 통조림의 아버지, 니콜라 아페르(Nicolas Appert)입니다. 아페르는 프랑스가 낳은 위대한 발명가이자 식품 제조업자예요. 아페르가 발명한 고온 살균법은 그의 이름을 따 아퍼티제이션(appertization)이라고도 불리죠. 아페르가 발명한 방법은 식품을 말리거나 소금, 설탕, 식초 등에 재는 방법이 아니라, 식품을 병에 담고 높은 온도로 가열하는 아주 혁신적인 방법이었습니다.

요즘도 병조림 잼과 같은 가열 살균 식품이 많이 있죠? 오늘날 우리가 먹는 통조림 식품은 병 대신 깡통을 주로 사용할 뿐, 아페르의 방법을 그대로 쓰기 때문에 그를 통조림의 아버지라고 부르는 거예요. 아페르도 나중에는 깡통을 사용하여 통조림을 만들었어요. 병 대신 깡통으로 바뀐 이유는 병이 깡통보다 무겁고 깨지기 쉬워 운반과 저장에 불리했기 때문이죠. 하지만 병은 투명하여 내용물을 볼 수 있는 장점이 있어서 오늘날에도 여전히 병조림이 고급 제품으로 사랑받고 있답니다.

병 안에

봄, 여름, 가을을 담다

1749년에 태어난 아페르는 11명이나 되는 형제자매 중 아홉째 아이로 태어났어요. 그의 부모는 여관을 운영했는데, 당시 여관은 숙식을 모두 제공하는 곳이었죠. 아페르도 자연스럽게 집안일을 돕다가, 독일 귀족의 저택에서 13년 동안 수석 요리사로 일했어요. 그러고 나서 파리 한복판에 제과점을 열었고, 나중에는 식료품점도 함께 운영했답니다. 아페르는 식품과 관련 있는 직업에만 종사한 셈이지요.

그러던 중 1789년에 프랑스 대혁명이 일어났고, 아페르도 혁명에 적극적으로 가담하여 활동하였습니다.

프랑스 대혁명이 끝난 다음부터 아페르는 어떻게 하면 식품을 오랫동안 보존할 수 있을까 하는 생각을 거듭했어요. 왜 그랬을까요? 아페르의 직업이 요리사이자 제과업자였기 때문이죠. 한마디로 전공을 살린 겁니다.

어느 날 아페르는 설탕 시럽을 병에 담아 마개를 한 후 가열하여 두었을 때, 거의 무한정으로 보존이 가능했던 자신만의 경험을 떠올렸습니다. 아이디어가 반짝 빛난 거죠. 아페르는 곧 실험에 착수했습니다. 그의 실험은 이론보다 경험에 의존한 것이었지요. 하지만 이 경험적 실험을 통해 병조림 식품 제조 방법을 구체적으로 개발하기 시작했습니다.

아페르는 주둥이가 좁은 샴페인 병에 식품을 담아 가열하는 병조림 실험부터 시작하였고, 점차로 주둥이가 넓은 병에 여러 가지 식품을 담아 가열하는 방식으로 실험을 확대하였어요.

아페르는 실험에서 얻은 경험을 살려 병조림 제품을 만들어 팔기로 했습니다. 파리 가까운 곳에 식품 제조 작업장을 차리고, 여러 가지 식품을 병조림하여 파리 시내에서 팔았죠. 세계 최초로 개발된 병조림 식품의 인기는 폭발적으로 높았어요. 주문이 계속 늘자 아페르는 파리 남쪽의 매시라는 곳에 규모가 훨씬 더 큰 제조 시설을 갖추고, 직원을 50명 고용했죠. 세계 최초의 상업적인 병조림 공장이었던 셈입니다.

그곳에는 4개의 식품 제조 작업장과 4만 제곱미터의 밭이 있었어요. 밭이 얼마나 넓은지 잘 모르겠죠? 학생이 1,100명 정도로 중간 규모인 초등학교의 운동장 크기가 약 4,000제곱미터이니까, 초등학교 운동장 10개에 해당하는 넓이예요. 이제 얼마나 넓은 밭인지 감이 오지요? 그만한 밭에서 과일과 채소를 직접 키우고 병에 담아 팔았으니 사업 규모가 대단했죠.

아페르의 병조림 제품은 프랑스는 물론 해외에서도 잘 팔렸습니다. 아페르는 과일과 채소 등의 병조림처럼 단순한 형태부터, 완전히 요리한 음식을 담은 병조림처럼 복합적인 형태까지 다양하게 만들었지요.

이제 아페르는 자신이 만든 병조림 제품에 확신이 생겼습니다. 그래서 프랑스 해군에게 성능 검토를 요구했고 결과는 대성공이었어요. 드디어 1809년 그의 병조림 고온 살균법은 프랑스 정부로부터 공식적인 인정을 받았습니다.

프랑스 정부는 아페르에게 특허로 등록하여 사용료(로열티)를 받든가, 병조림 기술을 공개하든가, 둘 중 하나를 선택하라고 했지요. 단, 공개할 경우 기술을 자세하게 기록한 책을 발간하는 조건으로 1만 2,000프랑을 주겠다는 것이었어요. 아페르는 특허를 등록하여 사용료를 받는 대신 기술 공개를 택했습니다. 기술을 공개하는 것이 인류를 위한 일이라고 생각했기 때문이죠.

아페르가 개발한 새로운 병조림 기술이 알려지자 온 유럽이 흥

이 음식을 병사들에게
제공하면 전쟁에서
승리하겠군!
이건
혁명이에요!
흠흠

분했습니다. 오늘날 만약 누군가 암을 완전히 정복하는 기술을 개발한다면 우리도 흥분하지 않겠어요? 1809년 《유럽 통신》이라는 신문은 "아페르 씨가 계절을 멈추는 기술을 발명했습니다. 정원사가 연약한 식물을 보호하듯 봄, 여름, 가을을 병 안에 담았습니다."라고 보도했다고 하네요.

전 세계에 알려진 고온 살균 기술

아페르가 살던 시대에 보통 사람들은 물론 많은 과학자들도 자연 발생설을 믿었습니다. 공기 중에 신비한 생명의 힘이 있어서, 생명체가 저절로 생긴다고 믿었던 거죠. 그래서 자연스럽게 공기가 식품의 변질을 일으키는 주범이라고 생각하였습니다. 모두들 병조림 식품이 오랫동안 보존되는 이유가 밀봉한 병 속의 공기가 뜨겁게 가열되었기 때문이라고 말했답니다.

사실 아페르도 병조림이나 통조림 식품이 왜 오랫동안 보존되는지 그 이유를 잘 알지 못하였어요. 공기 제거와 가열, 특히 가열로 인해 보존이 이루어진다고 추측했을 뿐이지요. 당시 사람들은 가열로 식품을 변질시키는 미생물이 죽기 때문에 상하지 않게 보존된다는 사실은 상상도 못 한 거죠. 이러한 사실은 루이 파스퇴르에 의해 50년 후에야 밝혀지게 됩니다. 안타깝게도 아페르와 파스퇴르는 만날 기회가 없었지요. 파스퇴르가 태어났을 때 아페르는 이미 73세였으니까요.

1810년, 식품 기술의 역사에 길이 남을 책이 드디어 발간되었습니다. 약 14년 동안 계속된 아페르의 실험이 공식적으로 마침표를 찍은 셈이죠. 14년이라면 태어나서 중학생이 될 때까지의 시간이니, 정말 오랫동안 한 우물만 판 사람이 바로 아페르입니다.

아페르는 자신이 개발한 병조림의 원리와 방법을 책에 자세히 기록하였어요. 식품을 병에 담고 코르크 마개를 한 후, 끓는 물에 넣어 식품별로 알맞은 시간 동안 가열한 다음, 꺼내어 철사로 마개를 고정하는 기술에 대해 세밀하게 설명하였습니다. 그의 병조림은 어느 식품에나 동일한 효과를 주는 보편적인 기술이었어요.

아페르의 책은 1810년에 초판 6,000부가 발간됐어요. 뒤에도 1811년 2판 4,000부, 1813년 3판, 1831년 4판이 계속 발간되었지요. 또, 1810년에 독일어 번역본이, 1812년에는 영어 번역본이 나왔답니다.

아페르가 기술을 공개한 덕분에 고온 살균 기술이 전 세계에 널리 알려졌고, 그의 기술을 바탕으로 고온 살균 기술은 더욱 발전할 수 있었습니다. 영국의 듀랜드는 병 대신 깡통에 식품을 넣

병조림의 원리와 방법에 대하여
병조림 기술 개발을 위해 끝까지 간다!

어 보존하는 아이디어를 제출하여 특허로 인정받았고, 그 특허를 산 사람이 최초의 통조림 식품을 만들어 냈지요. 그 후 아페르도 다양한 모양의 깡통으로 직접 통조림 식품을 만들었다고 하네요. 병조림이 통조림으로 바뀐 것도 따지고 보면 아페르의 기술 공개 덕분이 아닐까요?

아페르는 식품의 품질을 유지하면서 오랫동안 보존할 수 있는 발명품을 완성하기 위해 전 생애와 전 재산을 바쳤습니다. 병조림은 그가 평생 노력한 단 하나의 목표였지요. 하지만 안타깝게도 병조림 개발에 몰두한 나머지 사업은 잘 관리하지 못했나 봐요. 아페르는 파산하여 빚더미에 올라앉았답니다. 병조림 기술 공개로 1만 2,000프랑을 받은 후 사업을 다시 일으키려 했지만, 빚에서 헤어 나오지 못했다니 안타까운 일이지요.

이 위대한 프랑스 인을 기리는 뜻에서 미국의 식품 공학회는 1942년부터 식품 공학의 발전에 크게 기여한 사람에게 니콜라 아페르 상을 수여하고 있어요. 역사가 인정하는 식품 가공 전문가, 그가 바로 아페르입니다.

02

저온 살균법의 창시자, 루이 파스퇴르

저온 살균
63℃
OK!
63도야.

효모는

살아 있는 생명체

앞서 살펴본 아페르는 고온 살균법을 발명했지만, 정작 고온 처리 식품이 오랫동안 보존되는 이유는 명확하게 알지 못했다고 했죠? 통조림의 아버지인데 체면이 말이 아니네요. 아페르가 태어난 1700년대 중반은 물론 파스퇴르가 살았던 1800년대에도 사람들은 공기 때문에 식품이 변질된다고 생각했습니다.

당시 사람들은 부패균 때문에 식품이 상하고, 병균 때문에 병에 걸리는 것을 전혀 몰랐기 때문이지요. 식품을 가열하면 부패균이 죽기 때문에 상하지 않게 잘 보존할 수 있고, 소독하면 병균이 죽기 때문에 병을 예방할 수 있다는 사실 역시 알 수 없었답니다.

어느 날, 젖소를 키우는 사람이 결핵에 걸렸답니다. 기침이 심해졌죠. 그 사람은 자신이 기침할 때 결핵균이 따라 나오는 줄도 몰랐고, 그 결핵균이 다른 사람에게 결핵을 옮긴다는 것도 몰랐어요. 그래서 으레 손으로 입을 가리고 기침을 했지요. 그러고는 결핵균이 묻은 손을 씻지도 않은 채 젖소에서 우유를 짜내어 가까운 시장에서 팔았어요. "우유 사세요! 신선한 우유 사세요!" 그 우유에 결핵균이 들어 있었지만, 파는 사람도 사는 사람도 알 턱이 없었어요. 결핵균은 아무 냄새도 풍기지 않고 잘 자랐죠. 몇 주 후 그 우유를 먹은 아이가 결핵에 걸려 심하게 앓다가 죽었지만 아무도 이유를 몰랐어요.

당시 많은 사람들이 이런 식으로 미생물에 오염된 음식 때문에 병에 걸리거나 죽었답니다. 하지만 사람들은 놀랍게도 '악한 기운'이 병을 일으킨다고 생각했어요. 파스퇴르는 사람들의 잘못된 생각을 과학으로 바로잡아 주었습니다. 파스퇴르는 도대체 어떻게 그런 위대한 일을 해낼 수 있었을까요?

파스퇴르는 원래 화학자였습니다. 그는 1848년에 주석산 결정에 대한 연구로 박사가 되었어요. 주석산은 포도주와 같은 술에 미세한 돌처럼 결정 상태로 들어 있는 산이랍니다. 1854년 파스퇴르는 프랑스 릴 대학교의 화학 교수이자 학장이 되었어요. 파스퇴르가 맡은 업무에는 지역에서 발생하는 문제들을 연구하는 일도 포함되었지요.

1856년 사탕무를 원료로 써서 알코올을 만드는 사업가 비고가 찾아와 알코올 발효액이 자꾸 상한다며 문제를 해결해 달라고 부탁했습니다. 파스퇴르는 "나는 화학자이니 다른 사람에게 부탁하는 게 좋겠습니다."라는 식으로 거절하지 않았어요. 파스퇴르는 주어진 문제가 어떤 것이든 가리지 않고 해결하는 것이 무엇보다 중요하다고 생각했습니다. 그래서 이렇게 말했죠. "샘플 좀 보내 주세요." 파스퇴르는 이 문제를 해결하면서 자연스럽게 화학자에서 미생물학자로 바뀌었어요. 세상에 길이 남을 위대한 '미생물학의 아버지'가 탄생한 거죠.

파스퇴르는 상한 알코올 발효액과 상하지 않은 알코올 발효액을 현미경으로 들여다보며 미생물의 모양을 비교했어요. 상하지 않은 알코올 발효액에는 효모라고 부르는 둥근 미생물이 많았고, 상한 알코올 발효액에는 둥근 효모도 있지만 막대기 모양의 잘 모르는 미생물이 더 많았대요.

그래서 파스퇴르는 비고에게 간단한 해결 방법을 제안했습니다. "지금으로서는 저도 잘 이해하지 못하지만 해결책은 있습니다. 알코올 발효액을 현미경으로 들여다보세요. 모양이 중요한 단서입니다. 만약 막대기 모양의 미생물이 많으면 그 알코올 발효액은 버려야 합니다." 비고는 파스퇴르의 명쾌한 해결책에 감사를 표하고 돌아갔답니다.

막대기 모양의 미생물이
많으면 그 알코올 발효액은
버려야 합니다.
이럴 수가!

사업가 비고는 이 정도로 만족하였지만 파스퇴르는 만족할 수 없었죠. 그는 발효 과정에 대해 더 깊이 생각했어요. "무엇이 사탕무즙을 알코올로 바꿀까? 무엇이 포도즙을 포도주로 바꿀까? 무엇이 빵 반죽을 부풀게 할까? 도대체 그게 뭐지?" 파스퇴르는 해답을 찾기 위해 책을 뒤졌습니다. 많은 연구 결과들이 발효가 효모를 만든다고 주장했죠. 효모를 하나의 화학 물질로 본 거예요. 반면에 어떤 연구 결과는 효모가 발효를 일으킨다고 했죠. "만약 이것이 사실이라면 효모는 살아 있는 생명체고, 발효는 이 생명체가 만드는 '생명 현상'이 아닐까?" 파스퇴르는 실험을 통해 입증해 보자고 마음먹었습니다.

파스퇴르는 네 개의 플라스크와 효모, 당, 질소 성분을 준비했어요. 한 플라스크에는 세 가지를 다 넣고, 다른 세 플라스크에는 각각 효모를 빼거나 당을 빼거나 질소 성분을 빼고 두 가지씩 넣었습니다. 그리고 3일이 지난 후 어떤 플라스크에서 발효가 일어났는지 살펴보았죠. 실험 결과 세 가지를 다 넣은 플라스크에서만 발효가 일어났답니다. 발효에는 효모를 포함한 모든 성분이 다 필요하다는 사실이 확인된 것이죠. 효모, 당, 질소 성분 가운데, 당과 질소 성분은 생명체가 아닙니다. 그러니까 효모가 발효를 일으킨다는 것이 확실해졌죠. 즉 효모는 발효의 부산물인 화학 물질이 아니라 발효가 일어나려면 꼭 필요한 생명체라는 말입니다.

파스퇴르는 몇 차례 더 실험을 한 후 발효 과정을 명백하게 이해했습니다. "효모는 살아 있다. 효모는 당을 먹고 산다. 질소 성분은 발효를 촉진한다. 효모는 당을 알코올로 바꾼다. 효모는 발효를 한다. 효모는 이산화탄소를 만들어 낸다. 이것이 발효액에 거품을 일으키고 빵 반죽을 부풀게 하는 이유다. 플라스크에 공기를 넣으면 산소에 노출된 효모는 당을 먹고 증식한다." 파스퇴르는 발효의 비밀을 푸는 열쇠를 얻었습니다. 오늘날 우리에게 알려진 효모가 일으키는 알코올 발효와 효모의 증식에 대한 지식이 들어 있는 방의 문을 최초로 연 것이죠.

자연 발생설이 틀렸음을 증명하다

파스퇴르는 아직도 궁금한 것이 많았습니다. "비고 씨의 사탕무 알코올 발효액은 왜 상했지? 그 막대 모양 미생물의 역할은 뭘까?" 꼬리에 꼬리를 무는 궁금증은 드디어 1858년에 풀렸습니다. 파스퇴르는 막대 모양의 미생물이 젖산을 만들고, 젖산이 발효액을 변질시키며, 그 젖산은 변질된 우유에도 들어 있다는 것을 알게 되었죠.

"그렇다면 이 막대 모양의 미생물은 어디서 온 걸까? 공기에서 온 것이 아닐까?" 호기심 많은 파스퇴르는 진공 펌프를 이용해 바깥의 오염된 공기가 살균한 솜을 끼운 관을 통과해서 실험실 안으로 들어오게 했어요. 그랬더니 공기 중에 있던 미생물이 솜에

공기에 의해 미생물이 자연 발생한다는 가설은 틀렸어.
식품은 오염된 미생물에 의해 변질되는 거야!

걸러졌습니다. 파스퇴르는 그 솜을 플라스크 안의 액체에 넣고 관찰했어요. 솜을 넣은 플라스크의 액체 안에서 미생물이 믿을 수 없을 만큼 빠르게 증식했지요. 그렇다면 오염된 공기 중의 미생물이 발효액 안에서 증식하면서 알코올 발효액을 상하게 한 것이 틀림없었던 거죠.

파스퇴르는 한 걸음 더 나아가 자연 발생설이 틀렸다는 사실을 명쾌한 실험을 통해 증명하고 싶었습니다. 당시의 많은 과학자들은 공기가 지닌 신비스러운 생명의 힘으로 인해 미생물이 무생물에서 저절로 생긴다고 믿었지만요.

파스퇴르는 목이 가늘고 긴 플라스크에 육즙을 넣은 후, 목 부분을 불로 가열하면서 잡아당겨, 백조의 목처럼 휘어지게 만들었어요. 그리고 플라스크를 가열하여 육즙을 끓였죠. 수증기와 공기가 S자로 휘어진 가느다란 유리관을 통해 바깥으로 빠져나갔어요. 그다음 플라스크 가열을 멈추었죠. 시간이 흐르자 액체가 식으면서 S자로 휘어진 가느다란 유리관 부위에 응축하여 장애물 역할을 했습니다.

바깥 공기가 플라스크 안으로 천천히 들어왔어요. 공기는 S자로 휘어진 가느다란 유리관 부분의 액체를 통과하여 들어왔지만, 공기에 들어 있던 먼지나 입자 그리고 미생물은 그 응축된 액체 부위에 갇혀서 플라스크 안으로 들어오지 못했죠. 그 결과 플라스크 안의 액체에서는 6주가 지나도 아무런 변화도 일어나지 않았어요. 이 실험으로 공기 속에서 미생물이 자연 발생된 것이 아니란 가설이 입증되었죠.

다음으로는 유리관이 S자로 휘어진 부위를 잘라내서 플라스크의 육즙에 공기가 닿게 하고 내버려 두었습니다. 그랬더니 하루 반 만에 육즙이 뿌옇게 변했어요. 이번에는 공기 중의 미생물이 육즙에 들어가서 증식했다는 것이 밝혀졌죠. 파스퇴르가 미생물이 공기에서 저절로 생긴다는 자연 발생설이 틀렸음을 입증한 것입니다. 파스퇴르는 자연 발생설을 부정했을 뿐 아니라 식품이 오염된 미생물에 의해 변질된다는 사실도 밝혀냈습니다.

와인을

63도에서 30분간 가열했더니

1861년 파스퇴르는 자연 발생설을 명확히 부정한 공로로 파리 과학원으로부터 제커 상을 받았습니다. 이때 파스퇴르는 프랑스의 황제 나폴레옹 3세로부터 프랑스 와인 산업의 문제점을 해결해 달라는 요청도 받았어요. 프랑스는 여러 나라에 와인을 수출하고 있었는데, 와인이 수입국에 도달해서 열어 보면 이미 시큼하게 변해 버린 경우가 많았답니다.

파스퇴르는 통조림의 아버지 니콜라 아페르가 앞서 남긴 연구 결과에 주목하였습니다. 그리고 깊이 생각했죠. '통조림 식품이 보존되는 이유는 가열 때문이다. 하지만 아페르의 방법처럼 와인을 병에 담아 물에 넣고 끓이면 와인의 맛이 변하지 않겠는가? 혹시

와인에 해로운 미생물은 죽이고 와인의 원래 맛은 보존할 수 있는 온도를 찾을 수 있지 않을까?'

파스퇴르는 온도를 5도씩 높여 가열하며 관찰하는 실험을 여러 차례 반복하였습니다. 오랜 실험 끝에 파스퇴르는 와인을 63도에서 30분간 가열하면 와인 맛의 큰 변화 없이 해로운 미생물을 죽일 수 있다고 결론을 내렸어요. 그리고 가열이 끝난 와인은 재빨리 찬물로 식혀 남은 다른 미생물이 증식하지 않도록 했지요. 파스퇴르는 이 저온 살균법을 자신의 이름을 따 파스퇴리제이션이라고 불렀고, 1865년에 특허도 받았습니다.

그러나 파스퇴르는 학문에 대한 열정만큼이나 조국과 인류에 대한 사랑도 컸습니다. 그는 저온 살균법 특허로 경제적 이득을 크게 얻을 수 있었지만 누구나 이 기술을 사용할 수 있도록 모두에게 공개하였습니다.

하지만 일부 와인 제조업자는 파스퇴르의 저온 살균법을 신뢰하지 않았습니다. 그들은 "와인을 가열하다니 말이 되나? 가열한 와인은 맛이 아주 고약하잖아. 와인 제조는 예술이라고. 과학자가 뭐라고 간섭할 일이 아니야."라며 비난하기도 했죠. 그러나 저온 살균법을 사용하는 와인 제조업자들이 점점 생기기 시작했어요. 특히 대서양 건너 미국 캘리포니아에서 어느 와인 제조업자가 이 살균법을 택했을 때 파스퇴르는 무척 기뻐했죠.

이럴 수가!
정말
맛있잖아!
63도에서
30분간
가열했소.

이렇게 와인은 저온 살균을 해 왔지만, 요즘은 여과하여 미생물을 걸러 내는 방식으로 대신하는 것이 보편적입니다. 구멍의 직경이 0.45마이크로미터 이하인 여과막을 사용하면 효모, 젖산균(유산균), 초산균 등 대부분의 미생물을 제거할 수 있거든요. 오늘날 맥주는 저온 살균하든가 여과로 미생물을 걸러 내든가 하지요.

1882년에는 파스퇴르와 동시대 과학자인 독일의 로베르트 코흐가 놀랄 만한 연구 결과를 발표했습니다. 결핵균을 발견하고, 결핵균이 결핵을 일으킨다는 가설을 과학적으로 입증한 것입니다. 그러자 미생물을 죽이는 저온 살균 기술이 보건 전문가들의 지지를 크게 얻었어요.

낙농업자들도 위생적으로 안전한 저온 살균 우유를 생산하기 시작했지요. 도시가 팽창하면서 우유를 더 멀리 운반해야 했기 때문입니다. 냉장이 곤란했던 시절인 만큼, 낙농업자들은 우유를 더 오래 보존하기 위해 저온 살균을 할 수밖에 없었습니다. 사람들은 저온 살균 덕분에 우유를 안전하게 마실 수 있게 되었지요. 그런데 우유의 저온 살균은 파스퇴르가 한 일이 아닙니다. 1886년 우유를 병에 담아 최초로 저온 살균한 사람은 독일의 화학자 프란츠 리터 폰 속슬렛이었죠.

파스퇴르의 방법대로 63도에서 30분간 가열하는 방법을 저온 장시간 살균이라고 부릅니다. 이 방법으로는 대량의 우유를 신속하게 처리하기 곤란했어요. 그래서 72도에서 15초 동안 가열하는 방법이 개발되었죠. 이 방법을 고온 단시간 살균이라고 부릅니다. 최근에는 135도에서 2초 동안 가열하는 방법도 쓰고 있지요. 이 방법은 초고온 살균이라고 부르죠. 아무튼 파스퇴르의 노력과 업적 덕분에 사람들은 식품 산업 뒤에 자리 잡은 과학의 중요성을 더 잘 알게 되었습니다.

3부

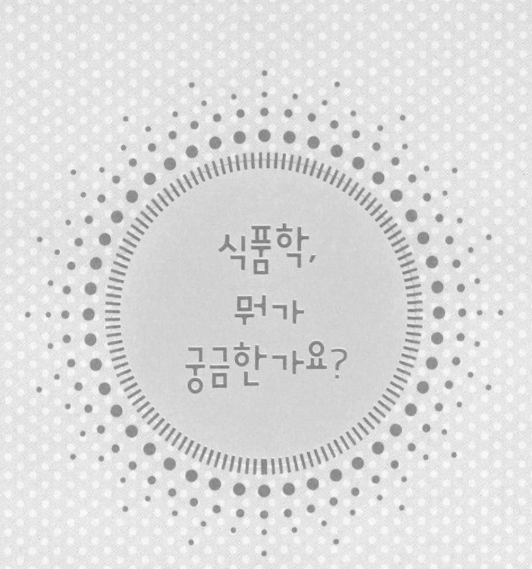

식품학, 뭐가 궁금한가요?

01

스크린을
터치하기만 하면
음식이 나온다고요?

자꾸 비행기를 타고 싶어요. "자리에 앉자마자 터치스크린을 갖고 놀아야지." 생각만 해도 즐거워요. 얼마 전까지는 비행기 안에서 먹는 것이 편치 않았어요. 승무원이 "비프? 치킨?" 하고 물으면 망설임 없이 대답해야 했죠. 둘 다 싫어도 하나를 선택할 수밖에 없었어요. 안 먹으면 배고파 나만 손해니까요. 그런데 이제 확 달라졌어요. 이 모든 게 3D 푸드 프린터(3-D Food Printer) 덕분입니다.

3D는 3 dimension, 즉 3차원이라는 뜻입니다. 터치스크린 화면에는 수많은 먹을 것이 아이콘으로 떠 있죠. 골라서 누르기만 하면 모든 게 오케이, 왕이 부럽지 않아요. 나의 대령숙수인 3D 푸드 프린터가 명령을 기다리고 있기 때문이죠. 대령이라는 말은 왕의 명령을 기다린다는 뜻이고, 숙수는 음식 만드는 솜씨가 좋은 사람이라는 뜻이에요.

결국 나는 대령숙수를 집으로 불렀습니다. 가정용 3D 푸드 프린터를 주문한 거죠. 주문한 물품이 올 때까지 며칠 동안 행복한 상상에 빠져 삽니다. '이제부터 우리 집에서는 아침마다 갓 구운 통밀 블루베리 머핀 냄새가 날 거야. 어제저녁 미리 예약해 둔 시간에 3D 푸드 프린터는 명령을 잘 수행하겠지. 난 그 냄새를 맡으면서 눈을 뜨고 일어나면 된다. 머핀의 레시피는 유명 레스토랑이나 수제 빵집에서 다운로드할 테니 맛은 무조건 오케이. 게다가 프린터 카트리지는 유기농 머핀을 만들 수 있는 최고급품 아닌가.

머잖아 각 가정의 주방에서 3D 푸드 프린터를 흔하게 볼 수 있을 것이다. 전자레인지처럼 흔하게……'

데스크톱 프린터는 평면의 종이에 잉크를 분사하여 2차원으로 출력합니다. 이와 달리 3D 프린터는 손에 쥘 수 있는 3차원의 물체를 출력하지요. 3D 프린터는 컴퓨터에서 전달받는 지침에 따라 재료를 한 층, 한 층 쌓아 가는 방식으로 물체를 만들어 냅니다. 인류가 역사의 대부분의 기간 동안 새로운 형태의 물체를 만들기 위해 쓰던, 원재료를 절단하거나 금형으로 찍어 내는 방식과는 다릅니다.

3D 프린터는 소재를 일정한 패턴에 따라 평면에 얇은 층을 형성해 단단하게 응고시켜요. 첫 번째 레이어가 굳은 후 프린터 헤드는 원위치로 돌아와 그 위에 또 하나의 얇은 층을 형성하지요. 두 번째 레이어가 굳고 나면 프린터 헤드는 다시 돌아가 그 위에 얇은 층을 더하고 또 더하는 방식으로 같은 공정을 반복해요. 이처럼 얇은 레이어들이 쌓여 궁극적으로 3차원의 물체를 만들어 내는 것입니다. 마찬가지로 3D 푸드 프린터는 머핀이든 사탕이든 입체적으로 만들어 낼 수 있죠.

3D 푸드 프린터의 레시피는 식품 조리학 전공자가 개발합니다. 유명한 셰프의 레시피를 선택할 수도 있고, 나만의 레시피로 변화를 줄 수도 있지요. 원하는 음식을 사진으로 찍어 입력하면 컴퓨

터가 그 모양대로 만드는 프로그램이 내장되어 있어요. 식품 영양학 전공자가 나에게 바람직한 맞춤 영양 성분을 지닌 식품 재료를 결정하면, 식품 공학 전공자가 재료를 분말화하여 미세 캡슐 형태로 만들어 냅니다. 3D 푸드 프린터는 미세한 캡슐들을 조합해 음식을 찍어 내는데, 이때의 작업 조건도 식품 공학 전공자가 미리 개발해 둔 것이죠.

그래도 난 여전히 레스토랑에 들르곤 합니다. 3D 푸드 프린터의 편리함을 사랑하긴 하지만 3D 푸드 프린터로 만든 음식만으로는 만족할 수 없기 때문이죠. .

02

귀뚜라미로 단백질 바를 만든다고요?

2015년 현재 세계 인구는 72억 명을 넘었습니다. 다행히 아직은 이 인구가 먹을 만큼의 식량이 있다고 해요. 다만 선진국의 식량은 남아돌고, 저개발 국가의 식량은 부족한 것이 문제이죠. 전 세계적으로 영양 부족이 9억 명, 과체중과 비만이 21억 명이라는 자료가 이런 불행한 현실을 알려 주고 있습니다.

하지만 2050년이 되면 식량 상황이 달라진대요. 세계 인구는 90억 명으로 늘어나고, 이 인구가 먹을 식량이 절대적으로 부족하게 된다는 거예요. 특히 고기는 공급이 달려 단백질 부족 문제가 심각해질 것이 예상되고요. 2013년에 유엔이 발간한 보고서 「식용 곤충: 식량 안보의 미래 전망」에는 전 세계인의 식량 문제와 해결 방안이 들어 있습니다. 바로 미니 가축인 곤충을 키워 먹자는 계획이죠.

영화 「설국 열차」에 나오는 단백질 바(protein bar)가 화제였지요. 곤충으로 만든 단백질 바는 영화 속에만 존재하는 것이 아닙니다. 현재 미국에는 귀뚜라미를 원료로 단백질 바를 생산, 판매하는 '엑소(Exo)'라는 회사가 있습니다. 바 1개에 튀겨서 빻아 가루로 만든 귀뚜라미가 대략 40마리씩 들어간답니다. 징그럽다고요?

예전에는 우리도 벼메뚜기를 볶아서 먹었습니다. 농약 사용으로 벼메뚜기가 사라지면서 먹지 않게 되었던 것뿐이죠. 번데기는 지금도 즐겨 먹잖아요. 언젠가 우리나라를 여행했던 어느 영국인이 번데기를 먹은 소감을 밝혔습니다. "깨물자 입안에서 탁 터지면서 즙이 튀었다. 약간 자극적이고 쓴 맛이 났지만 애인을 졸라 다시 사 먹었을 만큼 맛있었다."

전 세계 20억 명의 사람들이 지금도 곤충을 일상 음식으로 먹고 있어요. 세계에서 식용 곤충을 멀리하는 곳은 종교적 이유가 있는 이슬람권을 빼면, 서구가 유일합니다. 최근 서구에서도 이런 편견을 극복하려는 움직임이 있다고 해요. "곤충과 친척인 새우는 잘 먹지 않느냐? 피가 뚝뚝 떨어지는 스테이크, 날 생선과 생굴은 잘 먹으면서 곤충을 기피할 게 뭐냐?"는 목소리가 높아지고 있대요.

유럽 국가 가운데 네덜란드는 곤충 음식 연구에 상당한 투자를 하고 있습니다. 곤충 요리의 레시피를 연구하는 것은 물론이며, 곤충의 영양 성분을 파악하고, 단백질을 추출하여 식품으로 가공하는 등 다방면의 연구를 하지요. 곤충은 단백질, 지방, 비타민, 미네랄, 섬유질 함량이 높은 우수한 식량 자원입니다. 다만 안전성을 확보하기 위해 곤충 식품의 가공과 저장은 전통적인 위생 기준에 따라야 하죠. 따라서 미생물 안전성, 독성, 무기물, 알레르기 등에 대한 연구도 아울러 필요합니다.

곤충은 선사 시대부터 인류가 먹어 온 음식입니다. 성서에도 '메뚜기, 방아깨비, 누리, 귀뚜라미는 먹을 수 있다.'고 적혀 있어요.

불에 구운 곤충의 아삭거리는 맛은 아직도 인류의 뇌에 기억되어 있지요. 우리나라의 식용 곤충 산업은 이제 시작 단계입니다. 메뚜기, 번데기, 누에가 식용으로 허가됐고, 얼마 전 갈색거저리 애벌레(딱정벌레목 거저릿과 곤충의 유충, 일명 밀웜)도 임시로 식용 허가를 받았대요. 정부는 2013년에 '곤충 산업의 육성 및 지원에 관한 법률'을 제정했고, 2020년까지 곤충 식품 산업의 시장 규모를 연 2,000억 원 이상으로 키울 계획을 내놓았습니다.

이제 식품 조리학자는 곤충 요리의 레시피를 개발하고, 식품 영양학자는 곤충의 영양 성분과 안전성을 밝히며, 식품 공학자는 단백질 바와 같은 곤충 가공식품을 개발하는 일에도 몰두해야 합니다. 곤충 음식이 우리 식탁에 오를 날이 멀지 않았으니까요.

03

떡볶이도 글로벌 푸드가 될 수 있나요?

세상의 어떤 글로벌 푸드도 처음부터 글로벌 푸드였던 경우는 없습니다. 떡볶이가 글로벌 푸드가 되려면 철저한 우리의 로컬 푸드, 한식이어야 합니다. 오늘날 글로벌 푸드로 인기 있는 파스타도 원래 이탈리아의 로컬 푸드로 시작했죠. 한식으로서의 정체성을 인정받으려면 고유성, 주체성, 현재성, 대중성의 네 가지 조건을 충족해야 합니다.

떡볶이는 조선 시대 궁중 요리에서 비롯된 전통 음식이고, 재료인 가래떡에는 장수를 기원하는 소망이 담겨 있죠. 따라서 떡볶이에는 우리만의 '고유성'이 있습니다. 햄버거를 우리 음식이라고 생각하는 사람이 없는 것처럼, 떡볶이를 미국 음식이라고 생각하는 사람도 없습니다. 떡볶이는 확실히 우리 것이라는 '주체성'이 있죠. 게다가 떡볶이는 조선 시대에만 먹고 단절된 음식이 아니라 지금도 여전히 먹는 음식입니다. 다시 말해 '현재성'이 있죠. 마지막으로 남녀노소가 좋아하는 떡볶이는 모든 사람에게 사랑받는 스타와 같은 '대중성'이 있습니다. 떡볶이는 네 가지 조건을 다 갖춘 분명한 우리의 로컬 푸드, 한식입니다.

한국의 로컬 푸드인 떡볶이가 글로벌 푸드가 되기 위해서는 단순성과 가변성이라는 두 가지 조건을 더 갖추어야 합니다. 파스타는 조리법이 단순하고, 상황에 따라 다양한 재료를 활용해 만들 수 있는 가변성이 있어요. 떡볶이도 조리법이 단순하고, 어떤 재료나 양념과도 잘 어울리면서, 아울러 궁중 음식도 되고 길거리 음식도 되는 장점이 있습니다.

요즘 글로컬라이제이션(glocalization)이라는 용어를 자주 사용합니다. 세계화(globalization)와 현지화(localization)의 합성어로, 로컬에서 글로벌로, 글로벌에서 로컬로, 이른바 양방향 전략이죠. 떡볶이는 우선 로컬에서 글로벌로 가야 할 것이고, 글로벌 음식으로 자리 잡은 다음에는 다시 글로벌에서 로컬로 가야 합니다.

그럼 떡볶이의 글로컬라이제이션 전략을 세워 볼까요? 우선 소스를 살펴보겠습니다. 궁중 떡볶이는 원래 간장 떡볶이였다고 하죠? 대중은 고추장 떡볶이를 좋아했고요. 따라서 떡볶이 소스는 한결같아야 한다는 고정 관념을 버리고, 상황에 맞게 변화시켜야 합니다. 매운 것을 못 먹는 외국인을 위해 토마토 케첩을 넣을 수도 있겠죠.

다음에는 떡을 살펴보겠습니다. 떡의 재료는 멥쌀이 기본이죠. 하지만 일본인의 입맛을 겨냥하여 찹쌀을 쓸 수 있고, 서양 사람을 염두에 두고 밀가루도 쓸 수 있습니다. 심지어 파스타처럼 글루텐 함량이 높은 초강력분을 섞을 수도 있습니다. 떡의 굵기나 길이도 각 지역 사람들의 기호에 맞추어 조절할 수 있습니다. 떡 안에 치즈는 물론 소시지를 넣을 수도 있고요. 아무리 변화를 주어도 떡볶이의 정체성은 달라지지 않기 때문에 무궁무진한 진화가 가능한 겁니다.

떡볶이의 세계화를 위해서는 식품 조리학, 식품 영양학, 식품 공학 전공자가 머리를 맞대고 힘을 합해 연구해야 합니다. 우선 여러 가지 소스를 규격화하고, 다양한 메뉴와 레시피를 개발해야 하죠. 창조적인 떡볶이도 제안하고, 영양성이나 기능성을 강화한 떡볶이도 만들고, 상품성이나 유통성 향상을 위한 연구도 게을리할 수 없어요. 간식도 되고 훌륭한 한 끼 식사도 되는 떡볶이, 떡볶이의 세계화는 멀지 않았습니다.

04

부모님이 뚱뚱하면 나도 뚱뚱해지나요?

부모님이 뚱뚱하다고 해서 무조건 나도 뚱뚱해지는 건 아닙니다. 우리 몸은 유전과 환경의 합작품이기 때문이죠. 환경에서 가장 중요한 요인은 물론 음식이에요. 일란성 쌍둥이를 예로 들어보겠습니다. 동일한 유전자를 갖고 태어났기 때문에, 암에 걸린다면 둘 다 암 환자가 될 것 같죠? 하지만 환경이 다르면 한 명은 정상일 수 있습니다.

미국 애리조나 인디언 보호 구역의 피마(Pima) 인디언은 오늘날 당뇨병에 걸리는 비율이 가장 높은 부족입니다. 날렵한 몸과 강인한 체력을 지녔던 그들의 조상은 백인과 함께 지내게 되면서부터 갑작스럽게 달라진 환경에 노출되었어요. 정제된 설탕과 고열량 음식을 먹기 시작한 것이죠. 시간이 흐르자 비만해지고 당뇨병에 걸린 사람이 늘었습니다. 같은 유전자를 지닌 멕시코의 피마 인디언은 여전히 '몸짱'인데 말이죠. 같은 유전자를 타고나도 음식이 바뀌면 몸도 달라진다는 증거입니다.

중국 산시 성에는 신경관 결손증을 지닌 기형아가 많았습니다. 원인은 임신 중 엽산 부족으로 밝혀졌어요. 임신 초기에 태아의 유전자 복제 과정에 꼭 필요한 엽산이 부족했기 때문이에요. 엽산은 채소에 많은 비타민인데, 산시 성은 건조한 기후 탓에 채소가 부족했습니다. 이 지역 사람들의 주식은 밀가루 음식이었는데, 밀에 들은 엽산은 밀가루 정제 과정 중에 거의 다 제거됐죠. 게다가 감자 같은 채소도 너무 오래 끓여 먹기 때문에 엽산이 파괴될 수 밖에 없었고요. 그래서 산시 성에서 유독 이런 안타까운 재앙이 생긴 겁니다.

이렇게 유전자가 같더라도 환경에 따라 다르게 그 형질이 나타나는 것을 후성 유전이라고 합니다. 후성 유전에서는 유전자가 켜지거나 꺼지면서 그 형질이 나타날지 아닐지가 결정되죠. 예를 들어 초산의 분자식 CH_3COOH에서 CH_3를 메틸기라고 부르는데, 메틸기는 유전자의 스위치 역할을 하고, 음식에 들어 있는 영양소에서 옵니다. 다시 말해 유전 변이로 암을 일으킬 유전자 정보가 생겼더라도, 먹는 음식이 달라지면 메틸기의 작용에 따라 나타나는 결과가 달라질 수 있다는 얘기죠.

자, 이제 결론이 나왔죠? 부모님이 뚱뚱해도 내가 음식과 생활 습관을 잘 조절하면 날씬할 수 있습니다. 그런데 세상에 저절로 되는 일은 없잖아요? 사과가 나무에서 떨어지는 것도 저절로 되는 일이 결코 아닙니다. 사과는 떨어지기 직전까지 꼭지가 버티지 못할 만큼 애써 자랐던 거죠. 우리도 마찬가지입니다. 유전의 영향을 우리의 의지와 노력 없이 이겨 내기는 무척 어렵습니다. 하지만 포기하지 않고 노력한다면 좋은 결과를 가져올 수 있겠지요.

05

우주여행을 할 때는 밥 대신 알약을 먹나요?

우주여행을 가고 싶나요? 과학이 훨씬 더 발달하면 지금 외국 여행을 가는 것처럼 우주여행을 떠나는 날이 올 거예요. 우주선에서는 뭘 먹을까요? 밥이랑 된장찌개, 김치를 먹을까요? 혹시 알약처럼 생긴 식품을 먹는 건 아닐까요? 알약으로 식사를 대신한다면 한 끼에 몇 알을 먹어야 할까요? 식품 영양학적 관점에서 계산해 보았더니 한 끼에 10개씩 먹으면 되겠네요(다음 쪽의 계산식 참고).

우주선에서 "자, 밥 먹자." 대신 "알약 먹자."고 하겠네요. 아니, 그런 말을 할 필요도 없죠. 그냥 알아서 알약을 꺼내 먹으면 되니까요. 바쁠 때는 좋겠네요. 입에 알약만 털어 넣고 계속 컴퓨터를 들여다볼 수 있으니까요. 그런데 우주선 안에서 바쁜 일이 뭐 그리 많을까요? 비행기 여행도 심심하기만 하잖아요?

우주여행자에게 필요한 건 영양소만이 아니에요. 우리는 음식을 먹으면서 심리적 위안과 행복도 동시에 얻을 수 있거든요. 그런데 하루 세 번 알약 10개씩만 먹는다면 그만큼 많은 것을 희생하는 겁니다. 음식의 맛, 향, 씹는 느낌, 입안에서의 감촉, 함께 먹는 즐거움, 먹고 나서의 포만감……. 우주선처럼 격리된 공간일수록 안정감을 주는 진짜 음식이 필요하지 않겠어요?

호모 에렉투스가 등장한 건 160만 년 전의 일이죠. 기원전을 하루로 보면 기원후 지금까지는 1.8분에 불과합니다. 160만 년 동안 우리의 몸과 마음은 맛있는 음식에 익숙하도록 진화해 왔는데, 어떻게 이 짧은 시간에 알약 식품에 적응할 수 있겠어요? 특히 우리의 '위'는 결코 '공복감'에 적응하지 못할 겁니다. 우주여행을 한다고 맛있는 음식을 포기할 순 없잖아요?

식사 대신 알약을 먹는다면?

① 30~49세 성인 남성의 경우, 하루에 열량 2,400kcal, 단백질 55g, 식이섬유 25g이 필요하다. 탄수화물 : 단백질 : 지질의 섭취 비율은 55~70% : 7~20% : 15~25%이다.

② 단백질에서 얻는 열량은 55g×4kcal/g = 220kcal이다.

③ 열량의 20%(15~25%의 중간 정도)를 지질에서 섭취한다면, 그 열량은 2,400kcal×20% = 480kcal이고, 이것을 지질의 양으로 환산하면 480kcal÷9kcal/g = 53.3g(약 54g)이다.

④ 그러면 탄수화물에서 섭취하는 열량은
2,400kcal−(220kcal+480kcal)=1,700kcal가 되고, 이것을 탄수화물의 양으로 환산하면 1,700kcal÷4kcal/g = 425g이다.

⑤ 하루에 필요한 영양소의 양은 탄수화물 425g+단백질 55g+지질 54g+식이섬유 25g = 559g이고, 하루 세 끼를 먹으면 559g÷3 = 186.3g이므로, 한 끼에 약 186g을 먹어야 한다.

⑥ 다른 영양소와 최소한의 부형제(알약 형태로 만드는 성분)를 감안하면 한 끼에 200g의 알약을 먹게 된다.

⑦ 이 알약의 밀도를 1g/mL라고 가정하면, 알약의 부피가 200mL가 된다. 우유 팩 작은 것의 부피가 200mL이니까, 단번에 삼킬 수 있는 알약으로 만들려면 2mL짜리 100알로 만들어야 한다.

⑧ 압착하여 200mL를 20mL로 부피를 1/10로 줄인다면 2mL짜리 10알로 만들 수 있다(압착할 수 없다면 한 끼에 100알씩 먹을 수밖에 없으니 거의 불가능한 일이다).

06

기름과 지방은 뭐가 다르나요?

일반적으로 상온에서 액체면 기름, 고체면 지방이라고 합니다. 왜 그렇게 상태가 달라질까요? 기름과 지방에 들어 있는 지방산은 포화 지방산과 불포화 지방산의 두 가지 종류로 구분되는데, 지방산의 종류에 따라 녹는점에 차이가 있기 때문입니다. 포화 지방산은 녹는점이 상온보다 높기 때문에 상온에서는 녹지 않아 고체이고, 불포화 지방산은 녹는점이 상온보다 낮기 때문에 상온에서 이미 녹아 액체죠.

따라서 두 지방산이 들어 있는 비율에 따라 기름과 지방으로 나뉘게 됩니다. 기름은 불포화 지방산이 더 많고 지방은 포화 지방산이 더 많은 거죠. 포화 지방산이냐 불포화 지방산이냐는 이중 결합의 유무에 따라 구분합니다. 이중 결합이 하나라도 있으면 불포화 지방산이고, 이중 결합이 하나도 없으면(즉 단일 결합만으로 되어 있으면) 포화 지방산이죠.

그런데 기름이나 지방은 산소와 만나면 산화 반응이 일어나고, 산화가 심해지면 쩐내(산패취)가 납니다. 이 산화 반응은 이중 결합에 산소가 결합하면서 시작돼요. 그러니까 이중 결합이 많으면 산화가 잘되고, 이중 결합이 없거나 적을수록 산화가 덜 일어나겠죠? 이것이 라면을 튀길 때 소기름(우지), 돼지기름(돈지), 팜유와 같은 지방을 쓰는 이유입니다. 콩기름(대두유) 같은 기름은 이중 결합이 많기 때문에 사용하지 않는 거죠.

하지만 기름 대신 지방으로 튀긴다고 산화가 안 되는 것은 아닙니다. 팝콘을 예로 들어 볼까요? 팝콘은 포화 지방산이 많은 지방인 버터를 넣어 만듭니다. 가열하면 팝콘은 다공질 구조로 부풀어 오르죠. 그만큼 산소와의 접촉 면적이 넓어지기 때문에 산화가 잘됩니다. 그러니 오래된 팝콘은 안 먹는 게 좋아요.

불포화 지방산 중에는 반드시 섭취해야 하는 필수 지방산이 있습니다. 이중 결합이 2개인 리놀레산과 3개인 리놀렌산이 여기에 해당돼요. 특히 리놀렌산은 혈액의 응고를 막아 주는 역할을 합니다. 이런 지방산을 오메가3 지방산이라고 하는데, 생선 기름에 많이 들어 있어요. 북극 지방에 사는 이누이트들은 연어처럼 기름이 많은 생선을 즐겨 먹습니다. 이런 이유로 추운 날씨에도 불구하고 심장 질환 사망률이 낮다고 해요. 기능성 식품에 많이 들어 있다는 DHA나 EPA도 오메가3 지방산입니다.

기름에 수소를 첨가하면 불포화 지방산의 이중 결합 수가 감소하여 고체나 반고체의 경화유가 됩니다. 이 경화유로 쇼트닝이나 마가린을 만드는 거죠. 그런데 기름이 굳는 경화 과정 중에 트랜스 지방산이 소량 생길 수 있습니다. 트랜스 지방산은 이중 결합이 있는 불포화 지방산이에요. 그런데도 우리 몸은 이것을 포화 지방산처럼 인식합니다. 그래서 트랜스 지방산은 포화 지방산만큼 또는 그보다 더 건강에 해롭죠. 그러니까 음식을 먹을 때에는 트랜스 지방산이 들어 있지는 않은지 꼭 확인하고 먹어야 해요.

동양에서는 '기름과 지방'을 '유지(油脂)'라고 쓰는데, 서양에서는 '지방'을 앞에 써서 '지방과 기름(fat & oil)'이라고 부릅니다. 이것만 봐도 동양인은 식물성 기름을, 서양인은 동물성 지방을 더 우선시하는 걸 알 수 있죠. 그러나 동서양 중 어느 한쪽의 식생활이 더 좋다고 단정할 수는 없어요. 기름이든 지방이든 많이 먹으면 좋지 않기 때문이죠.

지질은 총열량의 15~25퍼센트만큼 섭취하는 것이 바람직합니다. 25퍼센트를 초과해 섭취하는 것도 물론 나쁘지만, 15퍼센트 미만으로 섭취하는 것도 좋지 않아요. 필수 지방산이나 지용성 비타민 섭취량이 부족해질 수 있기 때문이죠. 지질은 중용을 지키는 마음으로 적절하게 섭취하는 것이 좋습니다.

07

컵라면에 고기가 들어 있나요?

급히 식사를 해야 할 때 먹게 되는 것이 컵라면입니다. 뜨거운 물만 붓고 잠시 기다리면 되니까요. 등산이나 운동 중에 간식으로 먹기도 해요. 그런데 컵라면 건더기 중에 제법 씹는 맛이 나는 조각이 있죠? 그것이 콩고기라고도 부르는 '조직상 인조육'입니다. 흔히 콩 단백으로 만들기 때문에 '조직상 콩 단백'이라고도 하지요. 값이 싼 컵라면에 값비싼 고기를 넣을 수 없어 고기 대신 넣은 것이죠.

인조육은 탈지 대두(콩에서 콩기름을 추출한 나머지로, 단백질 함유량이 50퍼센트에 이름)나 밀 단백질 등을 재료로 하여 고기와 비슷하게 만든 식품을 말합니다. 제조 방법에 따라 겔상, 조직상, 섬유상으로 구분할 수 있어요.

겔상 인조육은 탈지 대두나 밀 단백질을 가열하여 겔화시킨 것으로 어묵 모양의 인조육이 얻어지지요. 이런 인조육은 부드럽기 때문에 고기 씹는 맛은 많이 부족합니다.

조직상 인조육은 농축 대두 단백(단백질 함유량이 70퍼센트가 되게 농축한 탈지 대두)을 압출기로 압력과 열을 가하여 스낵처럼 다공질이고, 고기 결처럼 방향성이 있도록 만든 것입니다. 고기 씹는 맛이 겔상 인조육보다 훨씬 좋아요. 압출 성형을 하면 한번에 콩 단백질도 응고시키고, 콩 비린내도 제거하며, 살균도 할 수 있죠. 모양이나 크기를 다양하게 만들 수 있는 장점도 있고요. 이것이 바로 컵라면에 들어 있는 고기 건더기예요.

섬유상 인조육은 탈지 대두에서 추출한 분리 대두 단백(단백질 90퍼센트 함유)을 알칼리 용액에 용해하여, 가는 구멍을 통해 산성 용액 속으로 내쏟아 실 모양으로 만든 것입니다. 씹는 맛이 고기와 가장 비슷해요. 양념을 하면 진짜 고기로 착각할 정도죠. 장조림을 한 고기를 보면 실 모양의 근섬유가 있습니다. 근섬유가 모인 것을 근섬유 다발이라고 하고, 근섬유 다발이 모인 것이 바로 우리가 먹는 고기죠. 섬유상 인조육은 단백질을 섬유 모양으로 만들고 잡아당겨서 질기게 한 다음, 식품 첨가물을 이용하여 근섬유 다발의 형태로 만들어 고기 씹는 맛을 구현한 것입니다. 소고기를 원하면 소고기와 비슷하게 지방, 향신료, 색소, 영양소, 안정제 등을 첨가하면 되고요.

요즘 여러 가지 이유로 채식을 하는 사람이 많습니다. 그래서 콩고기나 밀고기로 만든 불고기를 찾는 사람도 많이 늘었죠. 어떤 사람은 종교적인 이유로, 어떤 사람은 철학적 신념의 이유로, 어떤 사람은 건강상의 이유로, 또 어떤 사람은 호기심으로 인조육을 찾습니다. 어떤 이유든 간에 인조육을 먹는다면 육식을 덜 하고, 동물성 지방의 과잉 섭취도 피하는 효과는 확실하죠.

08

광우병에 걸린 소를 먹으면 어떻게 되나요?

광우병은 먹을거리에 대한 인간의 무지와 욕심 때문에 생긴 재앙이다.
인간도 광우병으로부터 결코 자유로울 수 없다!

광우병은 말 그대로 미친 소 병(mad cow disease)입니다. 이 병의 정식 이름은 소 해면상 뇌증(bovine spongiform encephalopathy), 줄여서 BSE라고 하죠. 소가 광우병에 걸리면 뇌 조직에 스펀지 같은 구멍이 생겨 갑자기 난폭해집니다. 공격적으로 변한 소는 움직임이 불안해지다가 뒷다리를 떨면서 미끄러지듯 주저앉게 돼요.

미국의 스탠리 프루시너 교수는 광우병의 병원체가 바이러스가 아니라 단백질의 일종인 변형 프라이온(prion)이라는 것을 밝혀 노벨상을 받았습니다. 이 변형 프라이온은 열, 자외선, 화학 물질 및 단백질 분해 효소에 대한 저항성이 강하기 때문에, 일반적인 식품 처리 조건에서는 파괴하기 어렵다고 해요.

광우병이 처음 발생한 영국은 소와 함께 양도 많이 기르는 나라입니다. 그런데 양에게도 스크래피(scrapie)라는 미친 양 병이 오래전부터 발생해 왔어요. 이 병에 걸린 양은 몸을 떨면서 운동 실조 증세를 보이다가 몇 개월 안에 죽는답니다. 스크래피는 양의 뇌에 스펀지 같은 구멍이 뚫리는 병으로, 광우병처럼 변형 프라이온에 의해 감염되는 것으로 알려졌습니다.

영국의 축산업자들은 1970년대부터 소의 성장을 촉진하고 우유 생산량을 늘리기 위해, 죽은 양이나 소의 육골분(내장이나 뼈를 가루 낸 것)을 사료로 활용했어요. 그 결과 스크래피로 죽은 양의 변형 프라이온에 소가 감염돼 광우병이 생겼죠. 그래서 1988년부터 소에게 동물성 사료를 먹이는 것을 금지하게 되었습니다.

불행하게도 광우병에 걸린 소를 먹은 사람에게도 인간 광우병이 발병하였습니다. 원래 사람에게도 크로이츠펠트 야코프 병(Creutzfeldt-Jakob disease, CJD)이라는 전염성 해면상 뇌증이 있어요. 그런데 인간 광우병은 CJD와 비슷한 면도 있고 다른 면도 보이는 겁니다. 그래서 영국 왕립 의학회에서는 인간 광우병을 변형 크로이츠펠트 야코프 병, vCJD라고 부르기로 했어요. 1996년에는 공식적으로 소의 광우병이 사람에게 감염된 것으로 추정된다고 발표했습니다. CJD는 주로 60세 이상의 나이 든 사람에게 발생하는데, vCJD는 18~41세의 젊은 사람에게 증세가 나타나서 1995년에는 19세의 영국 청년이 vCJD로 사망하기에 이르렀죠.

인간 광우병에 걸리면 뇌에 스펀지처럼 구멍이 뚫리는데, 감염 초기에는 기억력 감퇴와 감각 부조화 등의 증세를 보입니다. 점점 평형 감각이 둔화하고 치매로 발전하며, 나중에는 움직이지도 못하고 말도 못하다가 결국 죽게 됩니다. 인간 광우병은 잠복기가 10~40년으로 긴 데다, 확실한 진단을 위해서는 뇌 조직을 떼어 내야 하기 때문에 진단을 내리기조차 어렵죠. 일단 발병하면 3개월에서 1년 사이에 죽게 되는 치명적인 병이고요.

세계 보건 기구(WHO)는 인간 광우병이 21세기에 가장 위험한 감염병이 될 수 있다고 경고하였습니다. 영국은 광우병에 대한 조사 보고와 아울러, 1996년 3월 소고기의 일시 판매 중지를 선언하였고, 유럽 연합도 영국산 소고기에 대해 수입이나 수출을 금지하였죠. 그 후 유럽의 소고기 소비량은 40퍼센트나 감소하였고, 광우병에 걸린 수많은 소가 떼죽음을 당했어요. 광우병은 유럽 전역의 육류 시장과 세계의 육류 업계에 커다란 타격을 입혔습니다.

인간 광우병을 예방하기 위해서는 소고기를 손질할 때 변형 프라이온이 특별히 많이 들어 있을 가능성이 높은 부위, 즉 특정 위험 물질(specified risk material, SRM)을 제거하는 것이 유리합니다. 소의 두개골, 척추, 내장, 장간막 등이 해당되죠. 일반적으로 살코기, 소족, 꼬리, 간과 우유 등의 유제품은 특정 위험 물질에 포함되지 않아요. 하지만 나라마다 규정이나 수입 조건에 차이가 있어 그만큼 광우병의 관리가 어렵습니다.

게다가 광우병이나 양의 스크래피는 사슴, 고양이, 밍크 등과도 연관될 수 있기 때문에 주의가 필요하다고 해요. 사슴을 식용하는 우리나라는 주의를 더 기울여야 하겠죠. 다행히 현재까지는 우리나라에서 광우병에 걸린 소는 보고된 바 없어요. 하지만 내장탕, 갈비탕 등 국물을 선호하는 식습관이 있으므로 더욱 세심한 주의가 필요합니다.

09

큐그레이더는 어떤 일을 하나요?

우리나라 사람들의 커피 사랑은 참 대단해요. 2013년 한 해 동안 242억 잔, 1인당 484잔, 하루 1.3잔을 마셨다고 합니다. 거리에 각양각색의 커피 전문점이 즐비합니다. 커피 전문점에 가면 '바리스타'를 볼 수 있죠? 바리스타는 이탈리아 어에서 유래된 말로, '바 안에서 만드는 사람'을 뜻해요. 칵테일을 만드는 바텐더와 구분해서 즉석에서 커피를 전문적으로 만들어 주는 사람을 가리켜요. 고객의 입맛에 꼭 맞는 커피를 만들어 내는 직업인이죠.

그런데 맛있는 밥을 지으려면 좋은 쌀이 필요하듯, 바리스타가 맛있는 커피를 만들려면 좋은 커피콩(볶기 전의 커피콩을 보통 생두라 부릅니다.)이 필요하죠. 좋은 생두를 고르는 사람이 바로 '커퍼(cupper)'입니다. 건축에 비유해 볼까요? 바리스타가 집 짓는 사람이라면, 커퍼는 집 짓는 데 필요한 좋은 재료를 잘 고르는 사람이라고 할 수 있죠.

커퍼는 해마다 수확하는 생두를 평가하여 좋은 것을 골라냅니다. 그다음 과정은 로스팅으로, 생두에 열을 가해서 볶는 것입니다. 로스팅한 커피콩이 원두입니다. 원두의 향과 맛을 감별하는 평가 과정을 '커핑(cupping)'이라고 해요. 커핑은 여러 가지 커피를 잔에 넣어 늘어놓고 뜨거운 물을 부어 동시에 평가하는 과정입니다. 흥흥거리며 향기를 맡는 '스니핑(sniffing)'과 후루룩거리며 들이마시는 '슬러핑(slurping)'이 커핑의 기본이죠.

나라마다 커퍼로 인정받기 위한 자격 시험이 있는데, 비교적 체계적인 교육 제도를 갖춘 나라는 미국입니다. 미국의 커피 전문가 단체인 SCAA(Specialty Coffee Academy of America, 미국 스페셜티 커피 아카데미)의 교육 과정이 널리 알려져 있어요. 일정 시간의 교육 과정을 수료하면 SCAA에 속해 있는 커피 품질 연구 기관에서 자격증을 줍니다. 그 자격증을 받은 사람을 큐그레이더(Q-grader), 커피 감별사라고 하죠.

큐그레이더는 커피 품질의 등급을 정하는 사람이라는 뜻이에요. 커피의 신맛, 짠맛, 단맛의 강도를 맞히고, 커피의 최대 9가지 향을 구분하며, 맛만으로 원산지를 알아내는 시험을 통과해야 큐그레이더가 될 수 있습니다. 큐그레이더에게는 '스타커퍼(star cupper)'와 '커핑저지(cupping judge)'의 자격도 부수적으로 주어져요. 스타커퍼는 커피의 독특한 맛을 구분하는 사람에게 주어지는 명칭이고, 커핑저지는 커피 대회의 심판관 자격이 있는 사람을 일컫지요. 큐그레이더가 하는 일에는 외국의 커피 농장에 직접 가서 생두를 고른 뒤 가격을 흥정해 구매하는 일까지 포함됩니다.

10

식품학을 배우면 어떤 직업을 가질 수 있나요?

식품학은 식품 조리학, 식품 영양학, 식품 공학으로 나눌 수 있다고 했지요? 그래서 식품학을 배우려면 식품 조리학과, 식품 영양학과, 식품 공학과 가운데 하나를 선택하여 진학하면 돼요. 대학에 개설된 실제 학과 이름은 조금씩 다를 수 있지만, 각 학과 홈페이지를 참고하면 잘 선택할 수 있답니다.

식품 조리학과에서는 식품에 대한 기본 지식뿐 아니라, 조리사가 되기 위해 필요한 다양한 조리 실습을 함께 배웁니다. 이론도 중요하지만 실습에 더 중점을 둔다고 보면 되죠. 식품 영양학과에서는 바른 영양 관리를 위해 영양은 물론 식품에 대한 지식을 배우고, 영양사가 되기 위한 현장 실습도 중요시하죠. 식품 공학과에서는 식품의 기본 지식은 물론, 식품 공학 기술자가 갖추어야 할 제조, 가공, 위생, 포장, 유통 기술을 배우고, 관련되는 실험 실습도 충실히 합니다.

식품 조리학과의 경우 아무래도 손재주와 예술적 감각이 있다면 더 유리합니다. 식품 영양학과는 생물학과 화학 과목에, 식품 공학은 화학이나 공학에 흥미 있는 학생에게 유리합니다.

졸업 후 갖는 대표적 직업은 조리사, 영양사, 식품 공학 기술자입니다. 조리사라고 하면 드라마에 등장하는 잘생긴 셰프가 떠오르지요? 조리사는 맛있고, 보기 좋고, 위생적인 음식을 만드는 사람이에요. 게다가 영양 좋고 기능성 있는 음식이면 더더욱 좋겠죠? 조리사는 호텔, 레스토랑, 식당 등에서 다양한 음식을 만드는 사람입니다. 조리사 중에 음식도 만들면서 다른 조리사를 감독하고 교육시키는 사람을 주방장이라고 하죠.

영양사는 고려 시대에도 있었습니다. 왕의 음식을 담당하는 의사, 즉 오늘날의 영양사인 식의(食醫)가 있었던 거죠. 조선 시대에는 상궁이 조리사와 영양사의 역할을 했을 것이고요. 하지만 오늘날의 영양사는 왕이 아닌 여러 사람의 과학적 영양 섭취를 위해 일합니다. 영양사는 학교, 회사, 병원, 급식 전문 업체 등 여러 사람이 식사를 하는 '단체 급식소'에서 영양 서비스를 제공하는 사람입니다.

식품 공학 기술자는 연구 개발하는 사람, 생산하는 사람, 품질 관리하는 사람을 모두 포함합니다. 연구 개발 담당자가 실험실에서 신제품을 개발한 다음, 실험 공장 규모를 거쳐 생산 라인에서 시제품을 만듭니다. 그다음부터는 공장의 생산 부서와 품질 관리 부서가 책임지게 됩니다. 생산 부서는 필요한 물량을 생산하기 위해 애를 쓰고, 품질 관리 부서는 제품 검사 결과에서 결점이 약간만 있어도 제품의 출고를 막습니다. 이런 일이 모두 식품 공학 기술자들이 하는 일입니다.

그 밖의 직업으로는 조리 분야의 경우 제과 제빵사, 쇼콜라티에(초콜릿을 만드는 사람), 소믈리에(포도주를 관리하고 추천하는 사람),

푸드 스타일리스트(드라마, 광고 등의 촬영을 위해 음식을 연출하는 사람), 바리스타, 요리 학원 강사 등이 있어요. 영양 분야에는 영양 교사, 임상 영양사, 다이어트 프로그래머, 위생사 등이 있으며, 식품 공학 분야에는 식품 연구원, 식품 위생직 공무원, 생산 및 품질 관리원, 식품 영업원 등이 있어요. 연관 직업으로 음식 문화 여행가나 기자 등을 들 수 있고요.

졸업 후 조리 분야는 외식 업체, 호텔 등에, 영양 분야는 단체 급식 업체, 종합 병원 등에, 식품 공학 분야는 식품 회사, 제과 제빵 업체, 식품 연구소 등에 주로 취업합니다.